대구교통공사

건축일반

제1회 모의고사

성명		생년월일	
문제 수(배점)	80문항	풀이시간	/ 80분
영역	직업기초능력평가, 전공과목(건축일반)		
비고	객관식 5지선다형		

※ 유의사항

• 문제지 및 답안지의 해당란에 문제유형, 성명, 응시번호를 정확히 기재하세요.

• 모든 기재 및 표기사항은 "컴퓨터용 흑색 수성 사인펜"만 사용합니다.

• 예비 마킹은 중복 답안으로 판독될 수 있습니다.

》》직업기초능력평가(40문항)

1. 다음 중 표준어로만 묶인 것은?

① 사글세, 멋쟁이, 아지랭이, 윗니
② 웃어른, 으레, 상판때기, 고린내
③ 딴전, 어저께, 가엽다, 귀이개
④ 주근깨, 코빼기, 며칠, 가벼히
⑤ 뭇국, 느즈감치, 마늘종, 통째로

2. 다음 중 맞춤법이 틀린 문장은?

① 준희는 고약한 구두쇠이다. 그러므로 그는 돈을 많이 모았다.
② 그녀는 얼마 전 그와 헤어졌다. 그러므로 그녀는 지금 외롭다.
③ 법에 근거하여 내린 판결이다. 그러므로 아무리 억울하여도 어쩔 수 없다.
④ 혜림은 목 놓아 울었다. 그러므로 스트레스를 해소하였다.
⑤ 정의는 언제나 승리한다. 그러므로 우리가 승리한다.

3. 밑줄 친 부분이 어법에 맞게 표기된 것은?

① 박 사장은 자기 돈이 어떻게 쓰여지는 지도 몰랐다.
② 그녀는 조금만 추어올리면 기고만장해진다.
③ 나룻터는 이미 사람들로 가득 차 있었다.
④ 우리들은 서슴치 않고 차에 올랐다.
⑤ 구렁이가 또아리를 틀고 있다.

4. 다음 중 제시된 문장의 빈칸에 들어갈 단어로 알맞은 것을 고르시오.

> • 정부는 저소득층을 위한 새로운 경제 정책을 (　)했다.
> • 불우이웃돕기를 통해 총 1억 원의 수익금이 (　)되었다.
> • 청소년기의 중요한 과업은 자아정체성을 (　)하는 것이다.

① 수립(樹立) – 정립(正立) – 확립(確立)
② 수립(樹立) – 적립(積立) – 확립(確立)
③ 확립(確立) – 적립(積立) – 수립(樹立)
④ 기립(起立) – 적립(積立) – 수립(樹立)
⑤ 확립(確立) – 정립(正立) – 설립(設立)

5. 다음 글의 중심 내용으로 가장 적절한 것을 고르시오.

언제부터인가 이곳 속초 청호동은 본래의 지명보다 '아바이 마을'이라는 정겨운 이름으로 불리고 있다. 함경도식 먹을거리로 유명해진 곳이기도 하지만 그 사람들의 삶과 문화가 제대로 알려지지 않은 동네이기도 하다. 속초의 아바이 마을은 대한민국의 실향민 집단 정착촌을 대표하는 곳이다. 한국 전쟁이 한창이던 1951년 1·4 후퇴 당시, 함경도에서 남쪽으로 피난 왔던 사람들이 휴전과 함께 사람이 거의 살지 않던 이곳 청호동에 정착해 살기 시작했다.

동해는 사시사철 풍부한 어종이 잡히는 고마운 곳이다. 봄바다를 가르며 달려 도착한 곳에서 고기가 다니는 길목에 설치한 '어울'을 끌어올려 보니, 속초의 봄 바다가 품고 있던 가자미들이 나온다. 다른 고기는 나오다 안 나오다 하지만 이 가자미는 일 년 열두 달 꾸준히 난다. 동해를 대표하는 어종 중에 명태는 12월에서 4월, 도루묵은 10월에서 12월, 오징어는 9월에서 12월까지 주로 잡힌다. 하지만 가자미는 사철 잡히는 생선으로, 어부들 말로는 그 자리를 지키고 있는 '자리고기'라 한다.

청호동에서 가자미식해를 담그는 광경은 이젠 낯선 일이 아니라 할 만큼 유명세를 탔다. 함경도 대표 음식인 가자미식해가 속초에서 유명하다는 것은 입맛이 정확하게 고향을 기억한다는 것과 상통한다. 속초에 새롭게 터전을 잡은 함경도 사람들은 고향 음식이 그리웠다. 가자미식해를 만들어 상에 올렸고, 이 밥상을 마주한 속초 사람들은 배타심이 아닌 호감으로 다가섰고, 또 판매를 권유하게 되면서 속초의 명물로 재탄생하게 된 것이다.

① 속초 자리고기의 유래
② 속초의 아바이 마을과 가자미식해
③ 아바이 마을의 밥상
④ 청호동 주민과 함경도 실향민의 화합
⑤ 속초 명물 탄생의 비화

6. 다음 글의 제목으로 가장 적절한 것을 고르시오.

프랑스는 1999년 고용상의 남녀평등을 강조한 암스테르담 조약을 인준하고 국내법에 도입하여 시행하였으며, 2006년에는 양성 간 임금 격차축소와 일·가정 양립을 주요한 목표로 삼는 '남녀 임금평등에 관한 법률'을 제정하였다. 이 법에서는 기업별, 산업별 교섭에서 남녀 임금격차 축소에 대한 내용을 포함하도록 의무화하고, 출산휴가 및 입양휴가 이후 임금 미상승분을 보충하도록 하고 있다. 스웨덴은 사회 전반에서 기회·권리 균등을 촉진하고 각종 차별을 방지하기 위한 '차별법'(The Discrimination Act) 시행을 통해 남녀의 차별을 시정하였다. 또한 신축적인 파트타임과 출퇴근시간 자유화, 출산 후 직장복귀 등을 법제화하였다. 나아가 공공보육시설 무상 이용(평균보육료부담 4%)을 실시하고 보편적 아동수당과 저소득층에 대한 주택보조금 지원 정책도 시행하고 있다. 노르웨이 역시 특정 정책보다는 남녀평등 분위기 조성과 일과 양육을 병행할 수 있는 사회적 환경 조성이 출산율을 제고하는 데 기여하였다. 한편 일본은 2005년 신신(新新)엔젤플랜을 발족하여 보육환경을 개선함으로써 여성의 경제활동을 늘리고, 남성의 육아휴직, 기업의 가족지원 등을 장려하여 저출산 문제의 극복을 위해 노력하고 있다.

① 각 국의 근로정책 소개
② 선진국의 남녀 평등문화
③ 남녀평등에 관한 국가별 법률 현황
④ 남녀가 평등한 문화 및 근로정책
⑤ 국가별 근로정책의 도입 시기

7. 다음 괄호 안에 알맞은 접속사를 고르시오.

오늘날의 문화는 인간관계에서 집단 이기주의가 갖는 힘과 범위 그리고 지속성을 깨닫지 못하고 있다. 한 집단에 속하는 개인들 간의 관계를 순전히 도덕적이고 합리적인 조정과 설득에 의해 확립하는 일이 쉽지는 않을지라도 전혀 불가능한 것은 아니다. ( ) 집단과 집단 사이에서는 이런 일이 결코 이루어질 수 없다. ( ) 집단들 간의 관계는 항상 윤리적이기보다는 지극히 정치적이다. ( ) 그 관계는 각 집단의 요구와 필요성을 비교, 검토하여 도덕적이고 합리적인 판단에 의해서 수립되는 것이 아니라 각 집단이 갖고 있는 힘의 비율에 따라 수립된다.

① 그러나, 따라서, 즉
② 그러나, 게다가, 오히려
③ 그런데, 따라서, 왜냐하면
④ 그런데, 게다가, 그러므로
⑤ 그리고, 따라서, 왜냐하면

8. 다음 중 밑줄 친 부분의 단어를 대체할 수 있는 것은?

원시인들은 어떻게 그런 자연적 경향으로부터 벗어날 수 있었을까? 폴 라댕은 「철학자로서의 원시인」이라는 저서에서 원시인에게는 두 가지 유형의 기질이 있다고 주장하였다. 하나는 행동하는 인간으로, 이들은 주로 외부의 대상에 정신을 집중하고 실용적인 결과에만 관심이 있으며 내면에서 벌어지는 <u>동요</u>에 대해서는 무관심한 사람이다. 또 다른 유형은 생각하는 인간으로, 늘 세계를 분석하고 설명하고 싶어하는 사람이다. 행동하는 인간은 '설명' 그 자체에 별 관심이 없으며, 설령 설명한다고 해도 사건 사이의 기계적인 관계만을 설명하려 한다. 즉 그들은 동일 사건의 무한한 반복을 바탕에 두고 반복으로부터의 일탈을 급격한 변화로 받아들일 수밖에 없었다. 반면 생각하는 인간은 기계적인 설명을 벗어나 '하나'에서 '여럿'으로, '단순'에서 '복잡'으로, '원인'에서 '결과'로 서서히 변해간다고 설명하려 한다. 그러나 이 과정에서 외부 대상의 끊임없는 변화에 역시 당황해 할 수밖에 없다. 그래서 대상을 조직적으로 파악하기 위해 대상에 영원 불변의 형태를 부여해야만 했고, 그 결과 세상을 정적인 어떤 것으로 만들어야만 했던 것이다.

즉, 대상의 본질은 변하지 않는 것이라고 믿고 싶어하는 '무시간적 사고'는 인간의 사고에 깊이 뿌리내린 사상으로 자리잡게 되었다. 생각하는 인간은 이 세상을 합리적으로 규명하기 위해 과거의 기억을 바탕으로 늘 변모하는 사건들의 패턴 뒤에 숨어 있는 영원한 요소를 찾아내려고 했으며, 또한 미래에도 동일하게 그런 요소가 존재할 것이라는 믿음을 지닐 수 있었던 것이다. 이러한 과정을 통해 인간은 시간을 통해서 자신의 모습을 인식할 수 있게 되었다. 즉 인간이 자기 인식을 할 수 있는 존재, 자기 정체성을 확인하는 존재로 거듭나게 된 것이다.

① 의표(意表)　　② 당위(當爲)
③ 현혹(眩惑)　　④ 의문(疑問)
⑤ 당혹(當惑)

9. 다음의 내용을 근거로 할 때 유추할 수 있는 옳은 내용만을 바르게 짝지은 것은?

갑과 을은 ○×퀴즈를 풀었다. 문제는 총 8문제(100점 만점)이고, 분야별 문제 수와 문제당 배점은 다음과 같다.

분야	문제 수	문제당 배점
한국사	6	10점
경제	1	20점
예술	1	20점

문제 순서는 무작위로 정해지고, 갑과 을이 각 문제에 대해 ○ 또는 ×를 다음과 같이 선택하였다.

문제	갑	을
1	○	○
2	×	○
3	○	○
4	○	×
5	×	×
6	○	×
7	×	○
8	○	○
총점	80점	70점

ㄱ 갑과 을은 모두 경제 문제를 틀린 경우가 있을 수 있다.
ㄴ 갑만 경제 문제를 틀렸다면, 예술 문제는 갑과 을 모두 맞혔다.
ㄷ 갑이 역사 문제 두 문제를 틀렸다면, 을은 예술 문제와 경제 문제를 모두 맞혔다.

① ㄴ
② ㄷ
③ ㄱㄴ
④ ㄱㄷ
⑤ ㄱㄴㄷ

10. 다음은 맛집 정보와 평가 기준을 정리한 표이다. 이 자료를 바탕으로 판단할 때 총점이 가장 높은 음식점은 어디인가?

평가항목 / 음식점	음식종류	이동거리	1인분 가격	평점 (★ 5개 만점)	예약 가능 여부
북경반점	중식	150m	7,500원	★★☆	○
샹젤리제	양식	170m	8,000원	★★★	○
경복궁	한식	80m	10,000원	★★★★	×
아사이타워	일식	350m	9,000원	★★★★☆	×
광화문	한식	300m	12,000원	★★★★★	×

※ ☆은 ★의 반개다.

◎ 평가항목 중 이동거리, 가격, 맛 평점에 대하여 각 항목별로 5, 4, 3, 2, 1점을 각각의 음식점에 하나씩 부여한다.
  • 이동거리가 짧은 음식점일수록 높은 점수를 준다.
  • 가격이 낮은 음식점일수록 높은 점수를 준다.
  • 맛 평점이 높은 음식점일수록 높은 점수를 준다.
◎ 평가 항목 중 음식종류에 대하여 일식 5점, 한식 4점, 양식 3점, 중식 2점을 부여한다.
◎ 예약이 가능한 경우 가점 1점을 부여한다.
◎ 총점은 음식종류, 이동거리, 가격, 맛 평점의 4가지 평가항목에서 부여받은 점수와 가점을 합산하여 산출한다.

---

① 북경반점
② 샹젤리제
③ 경복궁
④ 아사이타워
⑤ 광화문

11. 다음 조건을 바탕으로 B의 사무실과 식당이 위치한 곳을 순서대로 짝지은 것은?

• A, B, C는 각각 5동, 6동, 7동 중 한 곳에 사무실이 있으며 겹치지 않는다.
• 세 명은 각각 3개 동 중 한 곳에 있는 식당에 갔으며, 서로 같은 식당에 가지 않았다.
• 세 명이 근무하는 곳과 갔던 식당의 위치는 겹치지 않는다.
• B는 C가 갔던 식당이 있는 동에서 근무한다.
• C는 7동에서 근무하며, A와 B는 어제 6동 식당에 가지 않았다.

---

① 6동, 5동	② 6동, 7동
③ 5동, 5동	④ 5동, 6동
⑤ 5동, 7동	

12. 다음은 영철이가 작성한 A, B, C, D 네 개 핸드폰의 제품별 사양과 사양에 대한 점수표이다. 다음 표를 본 영미가 〈보기〉와 같은 상황에서 선택하기에 가장 적절한 제품과 가장 적절하지 않은 제품은 각각 어느 것인가?

구분	A	B	C	D
크기	153.2×76.1 ×7.6	154.4×76 ×7.8	154.4×75.8 ×6.9	139.2×68.5 ×8.9
무게	171g	181g	165g	150g
RAM	4GB	3GB	4GB	3GB
저장공간	64GB	64GB	32GB	32GB
카메라	16Mp	16Mp	8Mp	16Mp
배터리	3,000mAh	3,000mAh	3,000mAh	3,000mAh
가격	653,000원	616,000원	599,000원	549,000원

〈사양별 점수표〉

무게	160g 이하	161~180g	181~200g	200g 이상
	20점	18점	16점	14점
RAM	3GB		4GB	
	15점		20점	
저장 공간	32GB		64GB	
	18점		20점	
카메라	8Mp		16Mp	
	8점		20점	
가격	550,000원 미만	550,000 ~600,000원 미만	600,000~650,000 원 미만	650,000원 이상
	20점	18점	16점	14점

"나도 이번에 핸드폰을 바꾸려 하는데, 내가 가장 중요하게 생각하는 조건은 저장 공간이야. 그 다음으로는 무게가 가벼웠으면 좋겠고, 다음 카메라 기능이 좋은 걸 원하지. 음...다른 기능은 전혀 고려하지 않지만, 저장 공간, 무게, 카메라 기능에 각각 가중치를 30%, 20%, 10% 추가 부여하는 정도라고 볼 수 있어."

① A제품과 D제품	② B제품과 C제품
③ A제품과 C제품	④ B제품과 A제품
⑤ A제품과 B제품	

13. 양 과장은 휴가를 맞아 제주도로 여행을 떠나려고 한다. 가족 여행이라 짐이 많을 것을 예상한 양 과장은 제주도로 운항하는 5개의 항공사별 수하물 규정을 다음과 같이 검토하였다. 다음 규정을 참고할 때, 양 과장이 판단한 것으로 올바르지 않은 것은?

	화물용	기내 반입용
갑항공사	A+B+C=158cm 이하, 각 23kg, 2개	A+B+C=115cm 이하, 10kg~12kg, 2개
을항공사		A+B+C=115cm 이하, 10kg~12kg, 1개
병항공사	A+B+C=158cm 이하, 20kg, 1개	A+B+C=115cm 이하, 7kg~12kg, 2개
정항공사	A+B+C=158cm 이하, 각 20kg, 2개	A+B+C=115cm 이하, 14kg 이하, 1개
무항공사		A+B+C=120cm 이하, 14kg~16kg, 1개

* A, B, C는 가방의 가로, 세로, 높이의 길이를 의미함.

① 기내 반입용 가방이 최소한 2개는 되어야 하니 일단 갑, 병항공사밖엔 안 되겠군.

② 가방 세 개 중 A+B+C의 합이 2개는 155cm, 1개는 118cm 이니 무항공사 예약상황을 알아봐야지.

③ 무게로만 따지면 병항공사보다 을항공사를 이용하면 더 많은 짐을 가져갈 수 있겠군.

④ 가방의 총 무게가 55kg을 넘어갈 테니 반드시 갑항공사를 이용해야겠네.

⑤ A+B+C의 합이 115cm인 13kg 가방 2개를 기내에 가지고 탈 수 있는 방법은 없겠군.

14. R공사에서는 신입사원 2명을 채용하기 위하여 서류와 필기 전형을 통과한 갑, 을, 병, 정 네 명의 최종 면접을 실시하려고 한다. 아래 표와 같이 네 개 부서의 팀장이 각각 네 명을 모두 면접하여 최종 선정 우선순위를 결정하였다. 면접 결과에 대한 〈보기〉와 같은 설명 중 적절한 것을 모두 고른 것은?

	A팀장	B팀장	C팀장	D팀장
최종 선정자 (1/2/3/ 4순위)	을/정/갑/병	갑/을/정/병	을/병/정/갑	병/정/갑/을

* 우선순위가 높은 사람 순으로 2명을 채용하며, 동점자는 A, B, C, D팀장 순으로 부여한 고순위자로 결정함.
* 팀장별 순위에 대한 가중치는 모두 동일하다.

〈보기〉

㉠ '을' 또는 '정' 중 한 명이 입사를 포기하면 '갑'이 채용된다.
㉡ A팀장이 '을'과 '정'의 순위를 바꿨다면 '갑'이 채용된다.
㉢ B팀장이 '갑'과 '병'의 순위를 바꿨다면 '정'은 채용되지 못한다.

① ㉠
② ㉠, ㉢
③ ㉡, ㉢
④ ㉠, ㉡
⑤ ㉠, ㉡, ㉢

15. 홍보팀 백 대리는 회사 행사를 위해 연회장을 예약하려 한다. 연회장의 현황과 예약 상황이 다음과 같을 때, 연회장에 예약 문의를 한 백 대리의 아래 질문에 대한 연회장 측의 회신 내용에 포함되기에 적절하지 않은 것은?

〈연회장 시설 현황〉

구분	최대 수용 인원(명)	대여 비용(원)	대여 가능 시간
A	250	500,000	3시간
B	250	450,000	2시간
C	200	400,000	3시간
D	150	350,000	2시간

* 연회장 정리 직원은 오후 10시에 퇴근함
* 시작 전과 후 준비 및 청소 시간 각각 1시간 소요, 연이은 사용의 경우 중간 1시간 소요.

〈연회장 예약 현황〉

일	월	화	수	목	금	토
			1 A 10시 B 16시	2 B 19시 D 18시	3 C 15시 D 16시	4 A 11시 B 12시
5	6 B 17시 C 18시	7	8 A 18시 D 16시	9 C 15시	10 C 16시 D 11시	11
12	13 C 15시 D 16시	14 A 16시	15 D 18시 A 15시	16	17 B 18시 D 17시	18

〈백 대리 요청 사항〉

안녕하세요?
연회장 예약을 하려 합니다. 주말과 화, 목요일을 제외하고 가능한 날이면 언제든 좋습니다. 참석 인원은 180~220명 정도 될 것 같고요. 오후 6시에 저녁 식사를 겸해서 2시간 정도 사용하게 될 것 같습니다. 물론 가급적 저렴한 연회장이면 더 좋겠습니다. 회신 부탁드립니다.

① 가능한 연회장 중 가장 저렴한 가격을 원하신다면 월요일은 좀 어렵겠습니다.

② 6일은 가장 비싼 연회장만 가능한 상황입니다.

③ 인원이 200명을 넘지 않으신다면 가장 저렴한 연회장을 사용하실 수 있는 기회가 네 번 있습니다.

④ 8일과 15일은 사용하실 수 있는 잔여 연회장 현황이 동일합니다.

⑤ A, B 연회장은 원하시는 날짜에 언제든 가능합니다.

16. 다음 글과 〈평가 내역〉을 근거로 한 〈보기〉와 같은 내용 중 적절하지 않은 것을 모두 고른 것은?

> '갑'시(市)에는 A, B, C, D 네 개의 사회인 야구팀이 있으며 시에서는 야구 활성화를 위해 네 개 야구팀에 각종 지원을 하고 있다. 매년 네 개 야구팀에 대한 평가를 실시하여 종합 순위를 산정한 후, 1~2위 팀에게는 시에서 건설한 2개의 시립 야구장에 대한 매주 일요일 각각 2회의 이용을 허가해 주고 있으며, 3위 팀까지는 다음 해의 전국 대회 출전 자격이 부여된다. 4위를 한 팀에게는 장비 구입 지원 금액이 30% 삭감되며, 순위가 오르면 다음 해의 지원 금액이 다시 원상 복귀된다.
>
> 평가 방법은 다음 표와 같이 네 개 항목을 기준으로 점수를 부여하고 항목별 가중치를 곱한 값을 부여된 점수에 합산하여 총점을 산출한다.

〈올 해의 팀별 평가 내역〉

평가 항목(가중치)	A팀	B팀	C팀	D팀
팀 성적(0.3)	65	80	75	85
연간 경기 횟수(0.2)	90	95	85	90
사회공헌활동(0.3)	90	75	85	80
지역 인지도(0.2)	95	85	95	85

〈보기〉

㉠ 내년에는 C팀과 D팀이 매주 일요일 시립 야구장을 사용하게 된다.

㉡ 팀 성적과 연간 경기 횟수에 대한 가중치가 바뀐다면 지원금이 삭감되는 팀도 바뀌게 된다.

㉢ 내년 '갑'시에서 전국 대회에 출전할 팀은 A, C, D팀이다.

㉣ 지역 인지도 점수가 네 팀 모두 동일하다면 세 개 팀의 순위가 달라진다.

① ㉠, ㉢, ㉣

② ㉡, ㉢, ㉣

③ ㉠, ㉡, ㉢

④ ㉠, ㉡, ㉣

⑤ ㉠, ㉡, ㉢, ㉣

17. 아래의 그림은 커뮤니케이션 네트워크의 한 형태를 나타낸 것이다. 이와 관련하여 X 경찰서 민원실에 근무하는 5명의 직원들이 나눈 대화 중 옳은 내용을 말하고 있는 사람을 고르면?

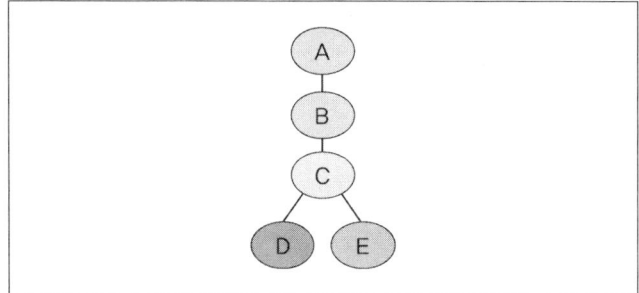

① A 순경 : 지역적으로 분리되어 있거나 또는 자유방임적인 상태에서 함께 일하는 구성원 사이에서 이런 형태의 커뮤니케이션은 흔히 나타납니다.

② B 경장 : 문제의 성격이 간단하면서도 일상적일 시에만 유효하며, 문제가 복잡하면서도 어려운 때에는 그 유효성이 발휘되지 않습니다.

③ C 경사 : 정보수집 및 문제해결 등이 비교적 느리며 중간에 위치한 구성원을 제외하고는 주변에 위치한 구성원들의 만족감이 비교적 낮다는 평가를 받고 있죠

④ D 경위 : 구성원들 사이의 정보교환이 완전히 이루어지는 유형입니다.

⑤ E 경감 : 주로 세력집단의 리더가 커뮤니케이션의 중심적인 역할을 맡고, 비세력 또는 하위집단 등에도 연결되어 전체적인 커뮤니케이션 망을 형성하게 된다는 것을 알 수 있죠

18. 무역회사에 근무하는 팀장 S씨는 오전 회의를 통해 신입사원 O가 작성한 견적서를 살펴보았다. 그러던 중 다른 신입사원에게 지시한 주문양식이 어떻게 진행되고 있는지를 묻기 위해 신입사원 M을 불렀다. M은 "K가 제대로 주어진 업무를 하지 못하고 있어서 저는 아직까지 계속 기다리고만 있습니다. 그래서 아직 완성하지 못했습니다."라고 하였다. 그래서 K를 불러 물어보니 "M의 말은 사실이 아닙니다."라고 변명을 하고 있다. 팀장 S씨가 할 수 있는 가장 효율적인 대처방법은?

① 사원들 간의 피드백이 원활하게 이루어지는지 확인한다.

② 팀원들이 업무를 하면서 서로 협력을 하는지 확인한다.

③ 의사결정 과정에 잘못된 부분이 있는지 확인한다.

④ 중재를 하고 문제를 무엇인지 확인한다.

⑤ 팀원들이 어떻게 갈등을 해결하는지 지켜본다.

19. 다음 중 이미지 메이킹에 관한 내용으로 옳지 않은 것은?

① 개인이 추구하고자 하는 목표를 이루기 위해서 스스로 자기 이미지를 통합적으로 관리하는 것이다.

② 자기가치를 발견하고 이를 최고의 삶으로 만들어 가기 위한 전 분야에 걸친 자기 삶의 총체적인 경영전략이다.

③ 현대생활예절은 구체적인 방식 및 규칙 등을 여러 다양한 측면에서 제공한다.

④ 비언어적 커뮤니케이션 수단이며, 소극적인 의사소통행위이다.

⑤ 이미지의 체득은 시각 및 청각 등을 총괄한 미적체험 및 미적인식 오감에 호소하는 자기관리의 출발로 감성경영을 포함한다.

20. 협상에 있어 상대방을 설득시키는 일은 필수적이며 그 방법은 상황과 상대방에 따라 매우 다양하게 나타난다. 이에 따라 상대방을 설득하기 위한 협상 전략은 몇 가지로 구분될 수 있다. 협상 시 상대방을 설득시키기 위하여 상대방 관심사에 대한 정보를 확인 후 해당 분야의 전문가를 동반 참석시켜 우호적인 분위기를 이끌어낼 수 있는 전략은 어느 것인가?

① 호혜관계 형성 전략   ② 권위 전략

③ 반항심 극복 전략   ④ 헌신과 일관성 전략

⑤ 사회적 입증 전략

21. 다음 두 조직의 특성을 참고할 때, '갈등관리' 차원에서 본 두 조직에 대한 설명으로 적절하지 않은 것은?

> 감사실은 늘 조용하고 직원들 간의 업무적 대화도 많지 않아 전화도 큰소리로 받기 어려운 분위기다. 다들 무언가를 열심히 하고는 있지만 직원들끼리의 교류나 상호작용은 찾아보기 힘들고 왠지 활기찬 느낌은 없다. 그렇지만 직원들끼리 반목과 불화가 있는 것은 아니며, 부서장과 부서원들 간의 관계도 나쁘지 않아 큰 문제없이 맡은 바 임무를 수행해 나가기는 하지만 실적이 좋지는 않다.
> 반면, 빅데이터 운영실은 하루 종일 떠들썩하다. 한쪽에선 시끄러운 전화소리와 고객과의 마찰로 빚어진 언성이 오가며 여기저기 조직원들끼리의 대화가 끝없이 이어진다. 일부 직원은 부서장에게 꾸지람을 듣기도 하고 한쪽에선 직원들 간의 의견 충돌을 해결하느라 열띤 토론도 이어진다. 어딘가 어수선하고 집중력을 요하는 일은 수행하기 힘든 분위기처럼 느껴지지만 의외로 업무 성과는 우수한 조직이다.

① 감사실은 조직 내 갈등이나 의견 불일치 등의 문제가 거의 없어 이상적인 조직으로 평가될 수 있다.

② 빅데이터 운영실에서는 갈등이 새로운 해결책을 만들어 주는 기회를 제공한다.

③ 감사실은 갈등수준이 낮아 의욕이 상실되기 쉽고 조직성과가 낮아질 수 있다.

④ 빅데이터 운영실은 생동감이 넘치고 문제해결 능력이 발휘될 수 있다.

⑤ 두 조직의 차이점에서 '갈등의 순기능'을 엿볼 수 있다.

22. 갈등이 증폭되는 일반적인 원인이 아닌 것은?

① 승·패의 경기를 시작

② 승리보다 문제 해결을 중시하는 태도

③ 의사소통의 단절

④ 각자의 입장만을 고수하는 자세

⑤ 적대적 행동

23. 협상과정을 순서대로 바르게 나열한 것은?

① 협상 시작→상호 이해→실질 이해→해결 대안→합의 문서

② 협상 시작→상호 이해→실질 이해→합의 문서→해결 대안

③ 협상 시작→실질 이해→상호 이해→해결 대안→합의 문서

④ 협상 시작→실질 이해→상호 이해→합의 문서→해결 대안

⑤ 협상 시작→실질 이해→해결 대안→상호 이해→합의 문서

24. 조직 사회에서 일어나는 갈등을 해결하는 방법 중 문제를 회피하지 않으면서 상대방과의 대화를 통해 동등한 만큼의 목표를 서로 누리는 두 가지 방법이 있다. 이 두 가지 갈등해결방법에 대한 다음의 설명 중 빈칸에 들어갈 알맞은 말은?

> 첫 번째 유형은 자신에 대한 관심과 상대방에 대한 관심이 중간정도인 경우로서, 서로가 받아들일 수 있는 결정을 하기 위하여 타협적으로 주고받는 방식을 말한다. 즉, 갈등 당사자들이 반대의 끝에서 시작하여 중간 정도 지점에서 타협하여 해결점을 찾는 것이다.
> 두 번째 유형은 협력형이라고도 하는데, 자신은 물론 상대방에 대한 관심이 모두 높은 경우로서 '나도 이기고 너도 이기는 방법(win-win)'을 말한다. 이 방법은 문제해결을 위하여 서로 간에 정보를 교환하면서 모두의 목표를 달성할 수 있는 '윈윈' 해법을 찾는다. 아울러 서로의 차이를 인정하고 배려하는 신뢰감과 공개적인 대화를 필요로 한다. 이 유형이 가장 바람직한 갈등해결 유형이라 할 수 있다. 이러한 '윈윈'의 방법이 첫 번째 유형과 다른 점은 (   )는 것이며, 이것을 '윈윈 관리법'이라고 한다.

① 시너지 효과를 극대화할 수 있다.

② 상호 친밀감이 더욱 돈독해진다.

③ 보다 많은 이득을 얻을 수 있다.

④ 문제의 근본적인 해결책을 얻을 수 있다.

⑤ 대인관계를 넓힐 수 있다.

┃25~27┃ 다음에 나열된 숫자의 규칙을 찾아 빈칸에 들어가기 적절한 수를 고르시오.

25.

10	2	$\frac{17}{2}$	$\frac{9}{2}$	7	7	$\frac{11}{2}$	( )

① $\frac{13}{2}$ ② $\frac{15}{2}$

③ $\frac{17}{2}$ ④ $\frac{19}{2}$

⑤ $\frac{21}{2}$

26.

6 7 9 13 21 37 ( )

① 69　　　　　　　　② 68

③ 67　　　　　　　　④ 66

⑤ 65

27.

20 10 3　　30 5 7　　40 5 ( )

① 8　　　　　　　　② 9

③ 10　　　　　　　　④ 11

⑤ 13

28. 어떤 물건의 정가는 원가에 $x\%$이익을 더한 것이라고 한다. 그런데 물건이 팔리지 않아 정가의 $x\%$를 할인하여 판매하였더니 원가의 4%의 손해가 생겼을 때, x의 값은?

① 5　　　　　　　　② 10

③ 15　　　　　　　　④ 20

⑤ 25

29. 다음 〈표〉는 콩 교역에 관한 자료이다. 이 자료에 대한 설명으로 옳지 않은 것은?

(단위 : 만 톤)

순위	수출국	수출량	수입국	수입량
1	미국	3,102	중국	1,819
2	브라질	1,989	네덜란드	544
3	아르헨티나	871	일본	517
4	파라과이	173	독일	452
5	네덜란드	156	멕시코	418
6	캐나다	87	스페인	310
7	중국	27	대만	169
8	인도	24	벨기에	152
9	우루과이	18	한국	151
10	볼리비아	12	이탈리아	144

① 이탈리아 수입량은 볼리비아 수출량의 12배이다.

② 수출량과 수입량 모두 상위 10위에 들어있는 국가는 네덜란드뿐이다.

③ 캐나다의 콩 수출량은 중국, 인도, 우루과이, 볼리비아 수출량을 합친 것보다 많다.

④ 수출국 1위와 10위의 수출량은 약 250배 이상 차이난다.

⑤ 파라과이 수출량은 브라질 수출량의 10%도 되지 않는다.

30. 다음은 3개 회사의 '갑' 제품에 대한 국내 시장 점유율 현황을 나타낸 자료이다. 다음 자료에 대한 설명 중 적절하지 않은 것은 어느 것인가?

(단위: %)

구분	2021	2022	2023	2024	2025
A사	17.4	18.3	19.5	21.6	24.7
B사	12.0	11.7	11.4	11.1	10.5
C사	9.0	9.9	8.7	8.1	7.8

① 2021년부터 2025년까지 3개 회사의 점유율 증감 추이는 모두 다르다.

② 3개 회사를 제외한 나머지 회사의 '갑' 제품 점유율은 2021년 이후 매년 감소하였다.

③ 2021년 대비 2025년의 점유율 감소율은 C사가 B사보다 더 크다.

④ 3개 회사의 '갑' 제품 국내 시장 점유율이 가장 큰 해는 2025년이다.

⑤ 3개 회사의 2025년의 시장 점유율은 전년 대비 5% 이상 증가하였다.

31. 다음은 A제품과 B제품에 대한 연간 판매량을 분기별로 나타낸 자료이다. 이 자료에 대한 설명으로 적절하지 않은 것은 어느 것인가?

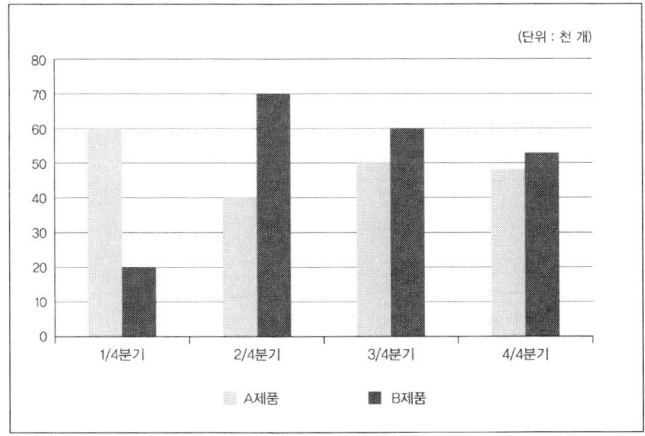

① A 제품과 B 제품은 동일한 시기에 편차가 가장 크게 나타난다.

② 연간 판매량은 B제품이 A제품보다 더 많다.

③ 4/4분기 전까지 두 제품의 분기별 평균 판매량은 동일하다.

④ 두 제품의 판매량 차이는 연말이 다가올수록 점점 감소한다.

⑤ 4/4분기 B제품의 판매량이 51이라면, B제품의 이전 분기 대비 판매량 감소율의 크기는 3/4분기가 4/4분기보다 더 작다.

32. 다음은 구직자를 대상으로 실시한 설문조사 결과이다. 다음 설명 중 적절하지 않은 것은 어느 것인가?

〈면접 시 가장 많이 받았던 질문〉

(단위: %)

질문내용	신입직	경력직
지원동기	61.3	51.6
자기소개	45.0	33.2
직무에 대한 관심	27.2	34.1
지원 분야 전문지식	28.9	29.7
전 직장에서의 프로젝트 수행사례	9.0	35.1
앞으로의 포부	17.5	14.7
인·적성 및 성격 장단점	13.8	17.9
개인의 가치관	12.3	12.6
지원 분야 인턴 경험	16.6	6.1
개인 신상	7.9	13.5
영어회화 실력	11.8	8.6

① 신입직과 경력직 모두에서 하위 3개 질문 중에 '영어회화 실력'이 포함된다.

② 경력직과 신입직의 응답비율 차이가 가장 큰 것은 '전 직장에서의 프로젝트 수행사례'이다.

③ '개인의 가치관' 질문에서 경력직과 신입직의 응답비율 차이가 가장 작다.

④ 신입직인 경우 가장 많이 받은 질문 5개는 '지원동기', '자기소개', '직무에 대한 관심', '지원 분야 전문지식', 그리고 '지원 분야 인턴 경험'이다.

⑤ 경력직인 경우 가장 많이 받은 질문 3개는 '지원동기', '전 직장에서의 프로젝트 수행사례', 그리고 '직무에 대한 관심'이다.

33. 다음은 어느 회사의 사원 입사월일을 정리한 자료이다. 아래 워크시트에서 [C4] 셀에 수식 '=EOMONTH(C3,1)'를 입력하였을 때 결과 값은? (단, [C4] 셀에 설정되어 있는 표시형식은 '날짜'이다)

	A	B	C
1	성명	성별	입사월일
2	구현정	여	2024-09-07
3	황성욱	남	2025-03-22
4	최보람	여	
5			

① 2025-04-30
② 2025-03-31
③ 2025-02-28
④ 2024-09-31
⑤ 2024-08-31

34. G사 홍보팀에서는 다음과 같이 직원들의 수당을 지급하고자 한다. C12셀부터 D15셀까지 기재된 사항을 참고로 D열에 수식을 넣어 직책별 수당을 작성하였다. D2셀에 수식을 넣어 D10까지 드래그하여 다음과 같은 자료를 작성하였다면, D2셀에 들어가야 할 적절한 수식은?

	A	B	C	D
1	사번	직책	기본급	수당
2	9610114	대리	1,720,000	450,000
3	9610070	대리	1,800,000	450,000
4	9410065	과장	2,300,000	550,000
5	9810112	사원	1,500,000	400,000
6	9410105	과장	2,450,000	550,000
7	9010043	부장	3,850,000	650,000
8	9510036	대리	1,750,000	450,000
9	9410068	과장	2,380,000	550,000
10	9810020	사원	1,500,000	400,000
11				
12			부장	650,000
13			과장	550,000
14			대리	450,000
15			사원	400,000

① =VLOOKUP(C12,$C$12:$D$15,2,1)

② =VLOOKUP(C12,$C$12:$D$15,2,0)

③ =VLOOKUP(B2,$C$12:$D$15,2,0)

④ =VLOOKUP(B2,$C$12:$D$15,2,1)

⑤ =VLOOKUP(B2,$C$14:$D$15,2,0)

35. 다음 워크시트에서 수식 '=POWER(A3, A2)'의 결과 값은 얼마인가?

	A
1	1
2	3
3	5
4	7
5	9
6	11

① 5
② 81
③ 49
④ 125
⑤ 256

36. 다음은 H회사의 승진후보들의 1차 고과 점수 및 승진시험 점수이다. "생산부 사원"의 승진시험 점수의 평균을 알기 위해 사용해야 하는 함수는 무엇인가?

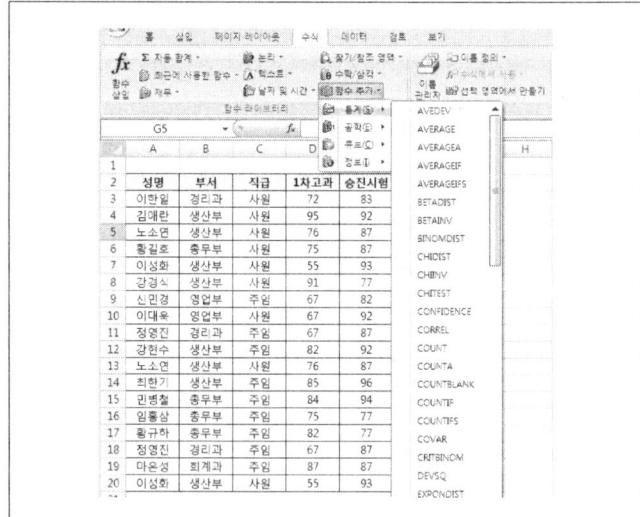

① AVERAGE
② AVERAGEA
③ AVERAGEIF
④ AVERAGEIFS
⑤ COUNTIF

37. 다음의 알고리즘에서 인쇄되는 S는?

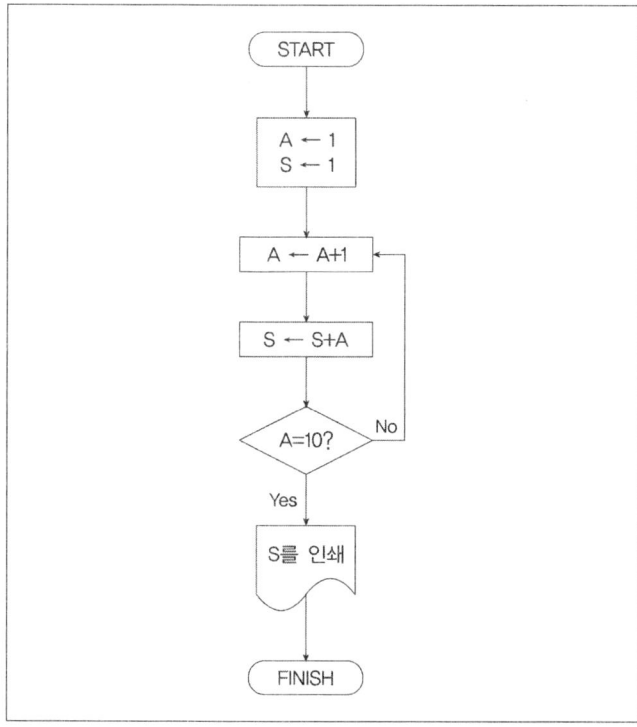

① 36 ② 45

③ 55 ④ 66

⑤ 77

38. T회사에서 근무하고 있는 N씨는 엑셀을 이용하여 작업을 하고자 한다. 엑셀에서 바로 가기 키에 대한 설명이 다음과 같을 때 괄호 안에 들어갈 내용으로 알맞은 것은?

> 통합 문서 내에서 (㉠) 키는 다음 워크시트로 이동하고 (㉡) 키는 이전 워크시트로 이동한다.

	㉠	㉡
①	⟨Ctrl⟩ + ⟨Page Down⟩	⟨Ctrl⟩ + ⟨Page Up⟩
②	⟨Shift⟩ + ⟨Page Down⟩	⟨Shift⟩ + ⟨Page Up⟩
③	⟨Tab⟩ + ←	⟨Tab⟩ + →
④	⟨Alt⟩ + ⟨Shift⟩ + ↑	⟨Alt⟩ + ⟨Shift⟩ + ↓
⑤	⟨Ctrl⟩ + ⟨Shift⟩ + ⟨Page Down⟩	⟨Ctrl⟩ + ⟨Shift⟩ + ⟨Page Up⟩

39. 다음 시트의 [D10]셀에서 =DCOUNT(A2:F7,4,A9:B10)을 입력했을 때 결과 값으로 옳은 것은?

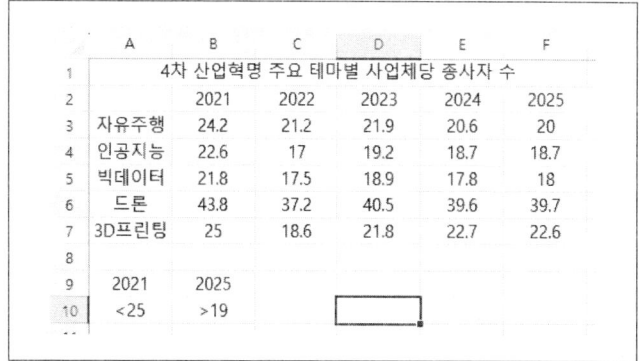

① 0 ② 1

③ 2 ④ 3

⑤ 4

40. 기억장치 배치전략이란 프로그램을 주기억장치 내의 어디에 위치시킬 것인가를 결정하는 전략을 의미한다. 아래와 같은 메모리 영역이 주어져 있다. 이 때 주기억장치 관리 기법에서 worst-fit을 사용할 경우에 10K의 프로그램이 할당받게 되는 영역의 번호를 고르면? (단, 모든 영역은 현재 공백 상태라고 가정한다.)

영역 1	9K
2	15K
3	10K
4	30K

① 영역 1
② 영역 2
③ 영역 3
④ 영역 4
⑤ 정답 없음

>> 건축일반(40문항)

41. 횡력의 25% 이상을 부담하는 연성모멘트 골조가 전단벽이나 가새골조와 조합되어 있는 구조방식을 무엇이라고 하는가?

① 제진시스템방식
② 면진시스템방식
③ 이중골조방식
④ 메가컬럼-전단벽 구조방식
⑤ 튜브골조방식

42. 철근콘크리트 구조설계 시 고려하는 강도설계법에 관한 설명으로 바르지 않은 것은?

① 보의 압축측의 응력분포는 사다리꼴, 포물선 등의 형태로 본다.
② 규정된 허용하중이 초과될지도 모를 가능성을 예측하여 하중계수를 사용한다.
③ 재료의 변화, 시공오차 등의 기술적인 면을 고려하여 강도감소계수를 고려한다.
④ 이 설계방법은 탄성이론 하에서 이루어진 설계법이다.
⑤ 구조부재를 구성하는 재료의 비탄성거동을 고려한다.

43. 압축철근의 면적은 $A_s' = 2,400[mm^2]$로 배근된 복철근 보의 탄성처짐이 15[mm]라 할 때 지속하중에 의해 발생되는 5년 후 장기처짐은? (단, b=300mm, d=400mm, 5년 후 지속하중재하에 따른 계수 $\xi = 2.0$)

① 9mm
② 12mm
③ 15mm
④ 30mm
⑤ 40mm

44. 그림과 같은 단순 인장접합부의 강도한계상태에 따른 고장력볼트의 설계전단강도는? (단, 강재의 재질은 SS275, 고장력볼트 m²2(F10T), 공칭전단강도 $F_{nv} = 500[MPa]$, 강도감소계수는 0.75)

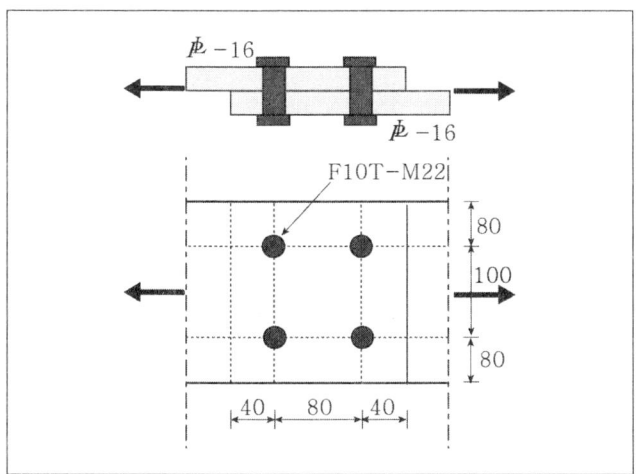

① 500kN
② 530kN
③ 550kN
④ 570kN
⑤ 590kN

45. 다음 캔틸레버보의 자유단의 처짐각은? (단, 탄성계수 E, 단면2차모멘트 I)

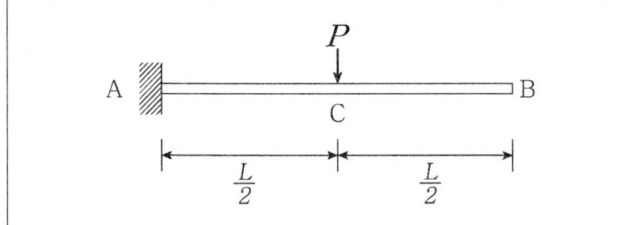

① $\dfrac{PL^2}{2EI}$
② $\dfrac{PL^2}{3EI}$
③ $\dfrac{PL^2}{6EI}$
④ $\dfrac{PL^2}{7EI}$
⑤ $\dfrac{PL^2}{8EI}$

46. 건조공기 1kg을 포함한 습공기 중의 수증기량을 의미하는 것은?

① 절대습도
② 노점온도
③ 수증기 분압
④ 상대습도
⑤ 현열비

47. 구조물의 내진보강 대책으로 적합하지 않은 것은?

① 구조물의 강도를 증가시킨다.
② 구조물의 연성을 증가시킨다.
③ 구조물의 중량을 감소시킨다.
④ 구조물의 감쇠를 증가시킨다.
⑤ 구조물과 지반을 분리시킨다.

48. 철근콘크리트의 보강철근에 관한 설명으로 옳지 않은 것은?

① 보강철근으로 보강하지 않은 콘크리트는 연성거동을 한다.
② 보강철근은 콘크리트의 크리프를 감소시키고 균열의 폭을 최소화시킨다.
③ 이형철근은 원형강봉의 표면에 돌기를 만들어 철근과 콘크리트의 부착력을 최대가 되도록 한 것이다.
④ 보강철근을 콘크리트 속에 매립합으로써 콘크리트의 휨강도를 증대시킨다.
⑤ 보강철근으로 콘크리트의 전단강도를 증대시킨다.

49. 말뚝기초에 관한 설명으로 옳지 않은 것은?

① 말뚝기초는 지반이 연약하고 기초상부의 하중을 직접 지반에 전달하며 주위 흙과의 마찰력은 고려하지 않는다.

② 지지말뚝은 굳은 지반까지 말뚝을 박아 하중을 직접 지반에 전달하며 주위 흙과의 마찰력은 고려하지 않는다.

③ 마찰말뚝은 주위 흙과의 마찰력으로 지지되며 n개를 박았을 때 그 지지력은 n배가 된다.

④ 동일 건물에서는 서로 다른 종류의 말뚝을 혼용하지 않는다.

⑤ 무리말뚝의 각 개의 말뚝이 발휘하는 지지력은 단독말뚝보다 작다.

50. 독립기초(자중포함)가 축방향력 650[kN], 휨모멘트 130[kN·m]를 받을 때 기초저면의 편심거리는?

① 0.2[m]　　　　② 0.3[m]
③ 0.4[m]　　　　④ 0.6[m]
⑤ 0.8[m]

51. 다음 중 철골조 주각부분에 사용하는 보강재에 해당되지 않는 것은?

① 윙플레이트　　　② 데크플레이트
③ 사이드앵글　　　④ 클립앵글
⑤ 앵커볼트

52. 다음 중 금속커튼월의 Mock Up Test에 있어 기본성능시험의 항목에 해당되지 않는 것은?

① 정압수밀시험　　② 방재시험
③ 구조시험　　　　④ 기밀시험
⑤ 동압수밀시험

53. 다음 중 철골공사의 접합에 관한 설명으로 바르지 않은 것은?

① 고력볼트접합의 종류에는 마찰접합, 지압접합이 있다.

② 녹막이도장은 작업장소 주위의 기온이 5도 미만이거나 상대습도가 85%를 초과할 때는 작업을 중지한다.

③ 철골이 콘크리트에 묻히는 부분은 특히 녹막이칠을 잘 해야 한다.

④ 용접접합에 대한 비파괴시험의 종류에는 자분탐상시험, 초음파탐상시험 등이 있다.

⑤ 고력볼트 접합부는 블록전단파괴가 발생할 수 있다.

54. 프리캐스트(Pre-cast) 콘크리트에 관련된 다음 ( )안에 들어갈 알맞은 내용으로 옳바른 것은?

슬럼프가 ( )mm 이상인 콘크리트의 배합은 슬럼프 시험을 원칙으로 하며, 슬럼프 ( )mm 미만인 콘크리트의 배합은 제조 방법에 적합한 시험 방법에 의한다.

① 20
② 30
③ 10
④ 40
⑤ 50

55. 도막방수에 관한 설명으로 옳지 않은 것은?

① 복잡한 형상에 대한 시공성이 우수하다.

② 용제형 도막방수는 시공이 어려우나 충격에 매우 강하다.

③ 에폭시계 도막방수는 접착성, 내열성, 내마모성, 내약품성이 우수하다.

④ 셀프레벨링공법은 방수 바닥에서 도료상태의 도막재를 바닥에 부어 도포한다.

⑤ 방수액을 도포 전에 가열해야 하기 때문에 화재의 위험이 있다.

56. 건설 프로세스의 효율적인 운영을 위해 형성된 개념으로 건설생산에 초점을 맞추고 이에 관련된 계획, 관리, 엔지니어링, 설계, 구매, 계약, 시공, 유지 및 보수 등의 요소들을 주요 대상으로 하는 것은?

① CIC(Computer Integrated Construction)

② MIS(Management Information System)

③ CIM(Computer Integrated Manufacturing)

④ CAM(Computer Aided Manufacturing)

⑤ LCC(Lifecycle Cost Control)

57. 강제 배수 공법의 대표적인 공법으로 인접 건축물과 토류판 사이에 케이싱 파이프를 삽입하여 지하수를 펌프 배수하는 공법은?

① 집수정 공법   ② 웰 포인트 공법

③ 리버스 서클레이션 공법   ④ 전기 삼투 공법

⑤ 프리로딩공법

58. 다음 그림과 같은 네트워크 공정표에서 주공정선(Critical Path)는?

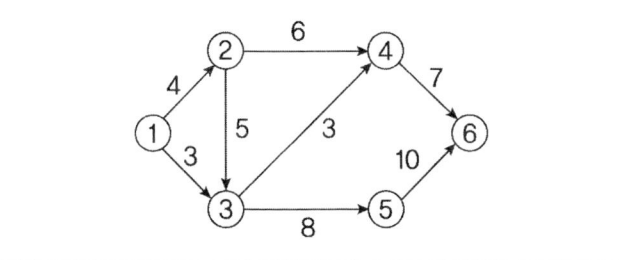

① ① → ③ → ⑤ → ⑥

② ① → ② → ④ → ⑥

③ ① → ② → ③ → ④ → ⑥

④ ① → ② → ③ → ⑤ → ⑥

⑤ ① → ③ → ④ → ⑥

59. 철근콘크리트공사 중 거푸집이 벌어지지 않게 하는 긴장재는?

① 세퍼레이터(Separator)   ② 스페이서(Spacer)

③ 폼타이(Form Tie)   ④ 인서트(Insert)

⑤ 다월바(Dowel bar)

60. 다음 중 공사감리업무와 가장 거리가 먼 항목은?

① 설계도서의 적정성 검토

② 시공상의 안전관리지도

③ 공사 실행예산의 편성

④ 사용자재와 설계도서와의 일치 여부

⑤ 설계변경의 적정여부 검토 및 확인

61. 다음 중 얇은 강판에 동일한 간격으로 펀칭하고 잡아늘려 그물처럼 만든 것으로 천장, 벽, 처마둘레 등의 미장바탕에 사용되는 재료로 바른 것은?

① 와이어 라스(Wire Lath)

② 메탈 라스(Metal Lath)

③ 와이어 메쉬(Wire Mesh)

④ 펀칭 메탈(Punching Metal)

⑤ 코너 비드(Corner Bead)

62. 건축공사의 원가계산상 현장의 공사용수설비는 어느 항목에 포함되는가?

① 재료비   ② 외주비

③ 가설공사비   ④ 콘크리트 공사비

⑤ 간접노무비

63. 철근콘크리트 PC기둥을 8ton 트럭으로 운반하고자 한다. 차량 1대에 최대로 적재가능한 PC기둥의 수는? (단, PC기둥의 단면크기는 30cm×60cm, 길이는 3m임)

① 1개   ② 2개

③ 4개   ④ 6개

⑤ 8개

64. 목재에 사용하는 방부제에 해당되지 않는 것은?

① 크레오소트유(Creosote oil)

② 콜타르(Coal tar)

③ 카세인(Casein)

④ P.C.P(Penta Chloro Phenol)

⑤ 플루오르화계 방부제

65. 목재의 무늬나 바탕의 재질을 잘 보이게 하는 도장방법은?

① 유성페인트 도장

② 에나멜페인트 도장

③ 합성수지 페인트 도장

④ 클리어 래커 도장

⑤ 바니쉬 도장

66. 철골공사에서 용접봉의 내밀기, 이동 등을 기계화한 것으로, 서브머지 아크용접법에 쓰이며, 피복제 대신에 분말상의 플럭스를 쓰는 용접기 명칭으로 옳은 것은?

① 직류아크용접기

② 교류아크용접기

③ 자동용접기

④ 반자동용접기

⑤ 서브머지드용접기

67. 평면도 작성 시 천장이 오픈된 부분을 표시하기 위해 사용하는 선은?

① 일점쇄선

② 이점쇄선

③ 파선

④ 실선

⑤ 점선

68. 건축도면 가운데 주변도로와 대지, 대지 내부 건축물 등의 위치 관계를 분명히 하기 위해 작성되는 도면은?

① 배치도

② 평면도

③ 입면도

④ 단면도

⑤ 조감도

69. 건축도면의 글자에 관한 설명으로 옳지 않은 것은?

① 글자체는 고딕체로 쓰는 것을 원칙으로 한다.

② 글자의 크기는 각 도면의 상황에 맞추어 알아보기 쉬운 크기로 한다.

③ 글자체는 수직 또는 $30°$ 경사로 쓰는 것을 원칙으로 한다.

④ 문장은 왼쪽에서부터 가로쓰기를 원칙으로 한다.

⑤ 숫자는 아라비아 숫자를 원칙으로 한다.

70. 그리스 건축의 오더 중 도릭 오더의 구성에 속하지 않는 것은?

① 볼류트(volute)

② 프리즈(frieze)

③ 아바쿠스(abacus)

④ 에키누스(echinus)

⑤ 아키트레이브(Architrave)

71. 사질토의 상대밀도를 측정하는 방법으로 가장 적합한 것은?

① 표준관입시험

② 베인테스트

③ 깊은 우물공법

④ 아일랜드 공법

⑤ 3축압축시험

72. 콘크리트를 타설하면서 거푸집을 수직방향으로 이동시켜 연속작업을 할 수 있도록 한 것으로 사일로 등의 건설공사에 적합한 것은?

① Euro Form

② Sliding Form

③ Air tube Form

④ Traveling Form

⑤ Table Form

73. 기계가 위치한 곳보다 높은 곳의 굴착에 가장 적당한 건설기계는?

① Dragline

② Back hoe

③ Power Shovel

④ Scraper

⑤ Clam Shell

74. 건설원가의 구성체계에서 직접 공사비를 구성하는 주요요소와 가장 거리가 먼 것은?

① 일반관리비   ② 노무비

③ 경비   ④ 자재비

⑤ 외주비

75. 어떤 실의 취득열량이 현열 35,000W, 잠열 15,000W이었을 때 현열비는?

① 0.3   ② 0.4

③ 0.7   ④ 2.3

⑤ 2.6

76. 철골조의 경량형강에 대한 설명으로 옳지 않은 것은?

① 실내구조물 및 보조개로 사용된다.

② 경량이기 때문에 비교적 경제적이다.

③ 단면적에 비해 단면계수를 작게 한 것이다.

④ 접합이 불리하며, 국부좌굴, 뒤틀림 등이 발생한다.

⑤ 공사장비가 소형이고 시공기간이 짧아 공사비가 절약된다.

77. 저층 강구조 장스팬 건물의 구조계획에서 고려해야 할 사항으로 가장 관계가 적은 것은?

① 층고, 지붕형태 등 건물의 형상선정

② 적절한 골조간격의 선정

③ 강절점, 활절점에 대한 부재의 접합방법 선정

④ 풍하중에 의한 횡변위 제어방법

⑤ 주로 고정하중에 의한 설계이며 처짐에 대한 검토 필요

78. 원형단면에 전단력 $S = 30kN$이 작용할 때 단면의 최대 전단응력도는? (단, 단면의 반경은 180mm이다.)

① 0.19MPa

② 0.24MPa

③ 0.39MPa

④ 0.44MPa

⑤ 0.48MPa

79. 다음 그림과 같이 수평하중 30[kN]이 작용하는 라멘구조에서 E점에서의 휨모멘트값(절댓값)은?

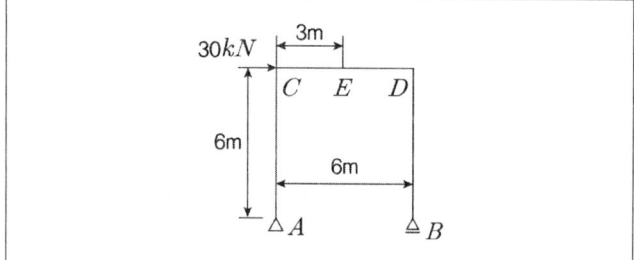

① 40[kN·m]

② 45[kN·m]

③ 60[kN·m]

④ 90[kN·m]

⑤ 0[kN·m]

80. 강도설계법에서 D22 압축철근의 기본정착길이는? (단, 경량콘크리트 계수는 1.0이며, $f_{ck} = 27MPa$, $f_y = 400MPa$이다.)

① 200.5mm

② 352mm

③ 423.4mm

④ 604.6mm

⑤ 715.2mm

대구교통공사 필기시험 모의고사

성명

성	명

수험번호

수	험	번	호					
⓪	⓪	⓪	⓪	⓪	⓪	⓪	⓪	⓪
①	①	①	①	①	①	①	①	①
②	②	②	②	②	②	②	②	②
③	③	③	③	③	③	③	③	③
④	④	④	④	④	④	④	④	④
⑤	⑤	⑤	⑤	⑤	⑤	⑤	⑤	⑤
⑥	⑥	⑥	⑥	⑥	⑥	⑥	⑥	⑥
⑦	⑦	⑦	⑦	⑦	⑦	⑦	⑦	⑦
⑧	⑧	⑧	⑧	⑧	⑧	⑧	⑧	⑧
⑨	⑨	⑨	⑨	⑨	⑨	⑨	⑨	⑨

직업기초능력평가

번호	1	2	3	4	5
1	①	②	③	④	⑤
2	①	②	③	④	⑤
3	①	②	③	④	⑤
4	①	②	③	④	⑤
5	①	②	③	④	⑤
6	①	②	③	④	⑤
7	①	②	③	④	⑤
8	①	②	③	④	⑤
9	①	②	③	④	⑤
10	①	②	③	④	⑤
11	①	②	③	④	⑤
12	①	②	③	④	⑤
13	①	②	③	④	⑤
14	①	②	③	④	⑤
15	①	②	③	④	⑤
16	①	②	③	④	⑤
17	①	②	③	④	⑤
18	①	②	③	④	⑤
19	①	②	③	④	⑤
20	①	②	③	④	⑤
21	①	②	③	④	⑤
22	①	②	③	④	⑤
23	①	②	③	④	⑤
24	①	②	③	④	⑤
25	①	②	③	④	⑤
26	①	②	③	④	⑤
27	①	②	③	④	⑤
28	①	②	③	④	⑤
29	①	②	③	④	⑤
30	①	②	③	④	⑤
31	①	②	③	④	⑤
32	①	②	③	④	⑤
33	①	②	③	④	⑤
34	①	②	③	④	⑤
35	①	②	③	④	⑤
36	①	②	③	④	⑤
37	①	②	③	④	⑤
38	①	②	③	④	⑤
39	①	②	③	④	⑤
40	①	②	③	④	⑤

건축일반

번호	1	2	3	4	5
41	①	②	③	④	⑤
42	①	②	③	④	⑤
43	①	②	③	④	⑤
44	①	②	③	④	⑤
45	①	②	③	④	⑤
46	①	②	③	④	⑤
47	①	②	③	④	⑤
48	①	②	③	④	⑤
49	①	②	③	④	⑤
50	①	②	③	④	⑤
51	①	②	③	④	⑤
52	①	②	③	④	⑤
53	①	②	③	④	⑤
54	①	②	③	④	⑤
55	①	②	③	④	⑤
56	①	②	③	④	⑤
57	①	②	③	④	⑤
58	①	②	③	④	⑤
59	①	②	③	④	⑤
60	①	②	③	④	⑤
61	①	②	③	④	⑤
62	①	②	③	④	⑤
63	①	②	③	④	⑤
64	①	②	③	④	⑤
65	①	②	③	④	⑤
66	①	②	③	④	⑤
67	①	②	③	④	⑤
68	①	②	③	④	⑤
69	①	②	③	④	⑤
70	①	②	③	④	⑤
71	①	②	③	④	⑤
72	①	②	③	④	⑤
73	①	②	③	④	⑤
74	①	②	③	④	⑤
75	①	②	③	④	⑤
76	①	②	③	④	⑤
77	①	②	③	④	⑤
78	①	②	③	④	⑤
79	①	②	③	④	⑤
80	①	②	③	④	⑤

대구교통공사

건축일반

제2회 모의고사

성명		생년월일	
문제 수(배점)	80문항	풀이시간	/ 80분
영역	직업기초능력평가, 전공과목(건축일반)		
비고	객관식 5지선다형		

>> 직업기초능력평가(40문항)

1. 밑줄 친 단어의 맞춤법이 옳은 것은?

① 그대와의 추억이 <u>있으매</u> 저는 행복하게 살아갑니다.

② 신제품을 <u>선뵀어도</u> 매출에는 큰 영향이 없을 거예요.

③ 생각지 못한 일이 자꾸 생기니 그때의 상황이 참 <u>야속터 군요.</u>

④ 그 발가숭이 몸뚱이가 위로 번쩍 쳐들렸다가 물속에 텀벙 <u>처박히는</u> 순간이었습니다.

⑤ 하늘이 뚫린 것인지 <u>몇 날 몇 일</u>을 기다려도 비는 그치지 않았다.

2. 다음 중 띄어쓰기가 모두 옳은 것은?

① 행색이∨초라한∨게∨보아∨하니∨시골∨양반∨같다.

② 이처럼∨희한한∨구경은∨난생∨처음입니다.

③ 이제∨별볼일이∨없으니∨그냥∨돌아갑니다.

④ 하잘것없는∨일로∨형제∨끼리∨다투어서야∨되겠소?

⑤ 동생네는∨때맞추어∨모든∨일을∨잘∨처리해∨나갔다.

3. 다음 중 제시된 문장의 빈칸에 들어갈 단어로 알맞은 것을 고르시오.

> • 환전을 하기 위해 현금을 (   )했다.
> • 장기화 되던 법정 다툼에서 극적으로 합의가 (   )되었다.
> • 회사 내의 주요 정보를 빼돌리던 스파이를 (   )했다.

① 입출(入出) – 도출(導出) – 검출(檢出)

② 입출(入出) – 검출(檢出) – 도출(導出)

③ 인출(引出) – 도출(導出) – 색출(索出)

④ 인출(引出) – 검출(檢出) – 색출(索出)

⑤ 수출(輸出) – 도출(導出) – 검출(檢出)

4. 다음 글의 중심 내용으로 가장 적절한 것을 고르시오.

> 한 번에 두 가지 이상의 일을 할 때 당신은 마음에게 흩어지라고 지시하는 것입니다. 그것은 모든 분야에서 좋은 성과를 내는 데 필수적인 요소가 되는 집중과는 정반대입니다. 당신은 자신의 마음이 분열되는 상황에 처하도록 하는 경우도 많습니다. 마음이 흔들리도록, 과거나 미래에 사로잡히도록, 문제들을 안고 낑낑거리도록, 강박이나 충동에 따라 행동하는 때가 그런 경우입니다. 예를 들어, 읽으면서 동시에 먹을 때 마음의 일부는 읽는 데 가 있고, 일부는 먹는 데 가 있습니다. 이런 때는 어느 활동에서도 최상의 것을 얻지 못합니다. 다음과 같은 부처의 가르침을 명심하세요. '걷고 있을 때는 걸어라. 앉아 있을 때는 앉아 있어라. 갈팡질팡하지 마라.' 당신이 하는 모든 일은 당신의 온전한 주의를 받을 가치가 있는 것이어야 합니다. 단지 부분적인 주의를 받을 가치밖에 없다고 생각하면, 그것이 진정으로 할 가치가 있는지 자문하세요. 어떤 활동이 사소해 보이더라도, 당신은 마음을 훈련하고 있다는 사실을 명심하세요.

① 일을 시작하기 전에 먼저 사소한 일과 중요한 일을 구분하는 습관을 기르라.
② 한 번에 두 가지 이상의 일을 성공적으로 수행할 수 있도록 훈련하라.
③ 자신이 하는 일에 전적으로 주의를 집중하라.
④ 과거나 미래가 주는 교훈에 귀를 기울이라.
⑤ 모든 일에 가치를 판단하고 시작하라.

5. 다음 괄호 안에 알맞은 접속사를 고르시오.

> 항공기 결빙은 기체에 달라붙으므로 착빙(着氷)이라고 부른다. 먼저 기체에 달라붙는 착빙으로는 서리 착빙이 있다. 이는 활주로에 주기 중인 항공기에 잘 발생하며, 맑은 날 복사냉각에 의해 공기 온도가 0℃ 이하로 냉각될 때 항공기 기체에 접촉된 수증기가 승화해서 만들어지는 것이다. 서리가 내리는 것과 같은 원리다. 이 외에 비행 중에도 서리 착빙이 발생하기도 한다. 이는 빙점 이하의 아주 저온인 기층에서 비행해 온 항공기가 급격히 고온다습한 공기층으로 비행할 때 발생한다. 서리 착빙은 새털 모양의 부드러운 얼음의 피막 형태로 가벼우며 얼음의 중량은 문제되지 않는다. (   ) 서리가 붙은 그대로 이륙하면 공기흐름이 흐트러져 이륙 속도에 도달할 수 없게 될 수도 있다. (   ) 거친 착빙(rime icing)이 있다. 거친 착빙은 저온인 작은 입자의 과냉각 물방울이 충돌했을 때 생기며, 수빙(樹氷)이라고도 한다. 거친 착빙은 물방울이나 과냉각 물방울이 많은 −20℃~0℃의 기온에서 주로 발생하며 날개 등 항공기 기체 첨단부의 풍상 측에서 잘 발생한다.

① 그리하여, 이를테면
② 한편, 게다가
③ 아무튼, 그렇지만
④ 그러나, 다음으로
⑤ 따라서, 그리하여

6. 다음 글의 제목으로 가장 적절한 것을 고르시오.

> 매일 먹는 밥. 하지만 밥의 주재료인 쌀에 대해서 아는 사람은 그리 많지 않을 것이다. 쌀이 벼의 씨라는 것쯤은 벼를 본 적이 없는 도시인들도 다 아는 상식이다. 그러나 언제부터 벼를 재배하기 시작했으며, 벼에는 어떤 종류가 있으며, 각 나라의 쌀에는 어떤 차이가 있으며, 그 차이를 만들어내는 원인이 무엇인지는 벼를 재배하고 있는 사람들조차 낯선 정보들이다.
> 쌀이 중요한 이유는 인간이 살아가는 데 꼭 필요한 영양소인 당질을 공급해 주기 때문이다. 당질은 단백질, 지방질 등과 함께 체외로부터 섭취하지 않으면 살아갈 수 없는 필수 영양소다. 특히 당질은 식물만 생산이 가능하기 때문에 인간에게 있어 곡물 재배의 역사는 곧 인류의 역사라고도 할 수 있다. 쌀은 옥수수, 밀과 함께 세계 3대 곡물이다.
> 그러나 옥수수가 주로 사료용으로 쓰인다는 점을 감안하면 실제로는 쌀과 밀이 식량으로서의 세계 곡물 시장을 양분하고 있는 셈이다. 곡물이라고 불리는 식물들은 모두 재배식물이다. 벼도 마찬가지로 야생벼의 탄생은 수억년 전으로 거슬러 올라간다. 하지만 재배벼에서 비롯된 오리자 사티바 즉 현재 우리가 먹고 있는 쌀은 1만 년 전 중국 장강 유역에서 탄생했다. 한편 벼 품종은 1920년대 세계 각지의 쌀을 처음으로 본 일본 큐슈대학의 카토 시게모토 교수의 분류법에 따라 재배벼를 일본형인 '자포니카'와 인도형인 '인디카'로 구분해 왔다. 즉 벼를 야생벼와 재배벼가 나눈 다음 재배벼를 다시 인디카와 자포니카로 나눈 것이다. 하지만 자연과학의 발달로 최근에는 이런 분류보다는 벼를 인디카형과 자포니카형으로 나누고 각각을 야생형과 재배형으로 나누는 분류법이 더 타당하다는 주장이 제기되고 있다. 위에서 말한 오리자 사티바는 자포니카를 말한다. 반면 인도 등 남아시아의 벼인 인디카는 중국에서 탄생한 자포니카가 아시아 일대로 옮겨져 야생종과의 교배를 통해 탄생한 것이다. 하지만 전세계 쌀의 90%는 인디카다. 자포니카는 한국과 일본, 중국, 미국 캘리포니아 지역에서만 재배되고 있다.
> 간단하게 쌀의 기본적인 내용에 대해서 살펴보았지만 벼가 재배되는 지역의 풍토에 따라 쌀과 쌀로 만든 요리도 저마다의 특징을 나타낸다. 그렇다면 각국을 대표하는 쌀 요리를 통하여 쌀의 역사와 세계사적 의미를 살펴보는 것도 의미 있는 작업이 될 것이다.

① 쌀의 구분법   ② 쌀의 곡물로서의 가치
③ 쌀의 역사와 종류   ④ 쌀의 영양소
⑤ 쌀의 지역적 분포와 근원

7. 다음 글의 서술 방식에 대한 설명으로 옳지 않은 것은?

글로벌 광고란 특정 국가의 제품이나 서비스의 광고주가 자국 외의 외국에 거주하는 소비자들을 대상으로 하는 광고를 말한다. 브랜드의 국적이 갈수록 무의미해지고 문화권에 따라 차이가 나는 상황에서, 소비자의 문화적 차이는 글로벌 소비자 행동에 막대한 영향을 미친다고 할 수 있다. 또한 점차 지구촌 시대가 열리면서 글로벌 광고의 중요성은 더 커지고 있다. 비교문화연구자 드 무이는 "글로벌한 제품은 있을 수 있지만 완벽히 글로벌한 인간은 있을 수 없다"고 말하기도 했다. 오랫동안 글로벌 광고 전문가들은 광고에서 감성 소구 방법이 이성 소구에 비해 세계인에게 보편적으로 받아들여진다고 생각해 왔지만 특정 문화권의 감정을 다른 문화권에 적용하면 동일한 효과를 얻기 어렵다는 사실이 속속 밝혀지고 있다. 일찍이 홉스테드는 문화권에 따른 문화적 가치관의 다섯 가지 차원을 제시했는데 권력 거리, 개인주의-집단주의, 남성성-여성성, 불확실성의 회피, 장기지향성이 그것이다. 그리고 이 다섯 가지 차원은 국가 간 비교 문화의 맥락에서 글로벌 광고 전략을 전개할 때 반드시 고려해야 하는 기본 전제가 된다.

그렇다면 글로벌 광고의 표현 기법에는 어떤 것들이 있을까? 글로벌 광고의 보편적 표현 기법은 크게 공개 기법, 진열 기법, 연상전이 기법, 수업 기법, 드라마 기법, 오락 기법, 상상 기법, 특수효과 기법 등 여덟 가지로 나눌 수 있다.

① 용어의 정의를 통해 논지에 대한 독자의 이해를 돕고 있다.
② 기존의 주장을 반박하는 방식으로 논지를 펼치고 있다.
③ 의문문을 사용함으로써 독자들로 하여금 호기심을 유발시키고 있다.
④ 전문가의 말을 인용함으로써 글의 신뢰성을 높이고 있다.
⑤ 예시와 열거 등의 설명 방법을 구사하여 주장의 설득력을 높이고 있다.

8. 다음 글을 읽고 알 수 있는 사실로 옳지 않은 것은?

반의관계는 서로 반대되거나 대립되는 의미를 가진 단어 사이의 의미 관계이다. 반의 관계는 두 단어가 여러 공통 의미 요소를 가지고 있으면서 다만 하나의 의미 요소가 다를 때 성립한다. 가령 '총각'의 반의어가 '처녀'인 것은 두 단어가 여러 공통 의미 요소를 가지고 있으면서 '성별'이라고 하는 하나의 의미 요소가 다르기 때문이다. 반의어는 반의관계의 성격에 따라 분류할 수 있다. 즉 반의어에는 '금속', '비금속'과 같이 한 영역 안에서 상호 배타적 대립관계에 있는 상보(모순) 반의어, '길다', '짧다'와 같이 두 단어 사이에 등급성이 있어서 중간 단계가 있는 등급(정도) 반의어, '형', '아우'와 '출발선', '결승선' 등과 같이 두 단어가 상대적 관계를 형성하고 있으면서 의미상 대칭을 이루고 있는 방향(대칭) 반의어가 있다.

① '앞'과 '뒤'는 등급 반의어가 아니다.
② '삶'과 '죽음'은 방향 반의어가 아니다.
③ 상보 반의어에는 '액체'와 '기체'가 있다.
④ 등급 반의어에는 '크다'와 '작다'가 있다.
⑤ 방향 반의어에는 '오른쪽'과 '왼쪽'이 있다.

9. 다음 〈조건〉을 바탕으로 반드시 범인이 아닌 사람을 고르면?

〈조건〉
• A, B, C, D, E 5명 중 2명이 범인이 있다.
• 범인은 목격자가 될 수 없으며, 범인이 아닌 3명 중 1명의 목격자가 있다.
• 5명 중 3명이 진술을 진실이고, 2명의 진술은 거짓이다.

A : E가 범인임을 목격했다.
B : C가 범인임을 목격했다.
C : 나는 범인이다.
D : A의 진술은 진실이다.
E : 나는 범인이 아니다.

① A   ② B
③ C   ④ D
⑤ E

10. 다음 물질 A, B, C의 특성에 대하여 추정한 것으로 옳은 것만을 〈보기〉에서 있는 대로 고른 것은?

갑, 을, 병은 산행을 하다 식용으로 보이는 버섯을 채취하였다. 하산 후 갑은 생버섯 5g과 술 5잔, 을은 끓는 물에 삶은 버섯 5g과 술 5잔, 병은 생버섯 5g만 먹었다.

다음 날 갑과 을은 턱 윗부분만 검붉게 변하는 악취(顎醉) 현상이 나타났으며, 둘 다 5일 동안 지속되었으나 병은 그러한 현상이 없었다. 또한, 세 명은 버섯을 먹은 다음 날 오후부터 미각을 상실했다가, 7일 후 모두 회복되었다. 한 달 후 건강 검진을 받은 세 명은 백혈구가 정상치의 1/3 수준으로 떨어진 것이 발견되어 무균 병실에 입원하였다. 세 명 모두 1주일이 지나 백혈구 수치가 정상이 되어 퇴원하였고 특별한 치료를 한 것은 없었다.

담당 의사는 만성 골수성 백혈병의 권위자였다. 만성 골수성 백혈병은 비정상적인 유전자에 의해 백혈구를 필요 이상으로 증식시키는 티로신 키나아제 효소가 만들어짐으로써 나타난다. 담당 의사는 3개월 전 문제의 버섯을 30g 섭취한 사람이 백혈구의 급격한 감소로 사망한 보고가 있다는 것을 알았으며, 해당 버섯에서 악취 현상 원인 물질 A, 미각 상실 원인 물질 B, 백혈구 감소 원인 물질 C를 분리하였다.

〈보기〉
㉠ A는 알코올과의 상호 작용에 의해서 증상을 일으킨다.
㉡ B는 알코올과의 상관관계는 없고, 물에 끓여도 효과가 약화되지 않는다.
㉢ C는 물에 끓이면 효과가 약화되며, 티로신 키나아제의 작용을 억제하는 물질로 적정량 사용하면 만성 골수성 백혈병 치료제의 가능성이 있다.

① ㉠
② ㉢
③ ㉠, ㉡
④ ㉡, ㉢
⑤ ㉠, ㉡, ㉢

11. 다음을 보고 옳은 것을 모두 고르면?

대구교통공사에서 문건 유출 사건이 발생하여 관련자 다섯 명을 소환하였다. 다섯 명의 이름을 편의상 갑, 을, 병, 정, 무라 부르기로 한다. 다음은 관련자들을 소환하여 조사한 결과 참으로 밝혀진 내용들이다.
㉠ 소환된 다섯 명이 모두 가담한 것은 아니다.
㉡ 갑과 을은 문건유출에 함께 가담하였거나 함께 가담하지 않았다.
㉢ 을이 가담했다면 병이 가담했거나 갑이 가담하지 않았다.
㉣ 갑이 가담하지 않았다면 정도 가담하지 않았다.
㉤ 정이 가담하지 않았다면 갑이 가담했고 병은 가담하지 않았다.
㉥ 갑이 가담하지 않았다면 무도 가담하지 않았다.
㉦ 무가 가담했다면 병은 가담하지 않았다.

① 가담한 사람은 갑, 을, 병 세 사람뿐이다.
② 가담하지 않은 사람은 무 한 사람뿐이다.
③ 가담한 사람은 을과 병 두 사람뿐이다.
④ 가담한 사람은 병과 정 두 사람뿐이다.
⑤ 가담한 사람은 갑, 을, 병, 무 이렇게 네 사람이다.

12. 다음 글의 내용이 참일 때, 반드시 참인 것만을 모두 고른 것은?

전통문화 활성화 정책의 일환으로 일부 도시를 선정하여 문화관광특구로 지정할 예정이다. 특구 지정 신청을 받아본 결과, A, B, C, D, 네 개의 도시가 신청하였다. 선정과 관련하여 다음 사실이 밝혀졌다.

- A가 선정되면 B도 선정된다.
- B와 C가 모두 선정되는 것은 아니다.
- B와 D 중 적어도 한 도시는 선정된다.
- C가 선정되지 않으면 B도 선정되지 않는다.

㉠ A와 B 가운데 적어도 한 도시는 선정되지 않는다.
㉡ B도 선정되지 않고, C도 선정되지 않는다.
㉢ D는 선정된다.

① ㉠
② ㉡
③ ㉠, ㉢
④ ㉡, ㉢
⑤ ㉠, ㉡, ㉢

13. 다음의 선발조건을 근거로 판단하여 2026년 3월 인사 파견에 선발될 직원을 모두 고른 것은?

- 대구교통공사는 소속 임직원들의 역량 강화를 위해 정례적으로 인사 파견을 실시하고 있다.
- 인사 파견은 지원자 중 3명을 선발하여 1년간 이루어지고 파견 기간은 변경되지 않는다.
- 선발조건은 다음과 같다.
  - 과장을 선발하는 경우 동일 부서에 근무하는 직원을 1명 이상 함께 선발한다.
  - 동일 부서에 근무하는 2명 이상의 팀장을 선발할 수 없다.
  - 기술본부 직원을 1명 이상 선발한다.
  - 근무평정이 70점 이상인 직원만을 선발한다.
  - 어학능력이 '하'인 직원을 선발한다면 어학 능력이 '상'인 직원도 선발한다.
  - 직전 인사 파견 기간이 종료된 이후 2년이 경과하지 않은 직원을 선발할 수 없다.
- 2025년 3월 인사 파견의 지원자 현황은 다음과 같다.

직원	직위	근무부서	근무평정	어학능력	직전 인사 파견 시작 시점
A	과장	기술본부	65	중	2014. 1.
B	과장	사업본부	75	하	2015. 1.
C	팀장	기술본부	90	중	2015. 7.
D	팀장	차량본부	70	상	2014. 7.
E	팀장	차량본부	75	중	2015. 1.
F	사원	기술본부	75	중	2015. 1.
G	사원	사업본부	80	하	2014. 7.

① A, D, F
② B, D, G
③ B, E, F
④ C, D, G
⑤ D, F, G

14. 반지 상자 A, B, C 안에는 각각 금반지와 은반지 하나씩 들어있고, 나머지 상자는 비어있다. 각각의 상자 앞에는 다음과 같은 말이 씌어있다. 그런데 이 말들 중 하나의 말만이 참이며, 은반지를 담은 상자 앞 말은 거짓이다. 다음 중 항상 맞는 것은?

A 상자 앞 : 상자 B에는 은반지가 있다.
B 상자 앞 : 이 상자는 비어있다.
C 상자 앞 : 이 상자에는 금반지가 있다.

① 상자 A에는 은반지가 있다.
② 상자 A에는 금반지가 있다.
③ 상자 B에는 은반지가 있다.
④ 상자 B에는 금반지가 있다.
⑤ 상자 B는 비어있다.

15. A, B, C, D, E는 형제들이다. 다음의 〈보기〉를 보고 첫째부터 막내까지 올바르게 추론한 것은?

〈보기〉
㉠ A는 B보다 나이가 적다.
㉡ D는 C보다 나이가 적다.
㉢ E는 B보다 나이가 많다.
㉣ A는 C보다 나이가 많다.

① E > B > D > A > C
② E > B > A > C > D
③ E > B > C > D > A
④ D > C > A > B > E
⑤ D > C > A > E > B

16. 다음을 읽고 네 사람의 직업이 중복되지 않을 때 C의 직업이 무엇인지 고르면?

㉠ A가 국회의원이라면 D는 영화배우이다.
㉡ B가 승무원이라면 D는 치과의사이다.
㉢ C가 영화배우면 B는 승무원이다.
㉣ C가 치과의사가 아니라면 D는 국회의원이다.
㉤ D가 치과의사가 아니라면 B는 영화배우가 아니다.
㉥ B는 국회의원이 아니다.

① 국회의원
② 영화배우
③ 승무원
④ 치과의사
⑤ 알 수 없다.

17. 다음 글은 A 변호사가 B 의뢰자에게 하는 커뮤니케이션의 스킬을 나타낸 것이다. 대화를 읽고 A 변호사의 커뮤니케이션 스킬에 대한 내용으로 가장 거리가 먼 것을 고르면?

A : "좀 꺼내기 어려운 얘기지만 방금 말씀하신 변호사 보수에 대해 저희 사무실 입장을 솔직히 말씀드려도 실례가 되지 않을까요?"

B : 네, 그러세요

A : "아마 알아보시면 아시겠지만 통상 중형법률사무소 변호사들의 시간당 단가가 20만원 내지 40만 원 정도 사이입니다. 이 사건에 투입될 변호사는 3명이고 그 3명의 시간당 단가는 20만원, 25만원, 30만원이며 변호사별로 약 ○○ 시간 동안 이 일을 하게 될 것 같습니다. 그렇다면 전체적으로 저희 사무실에서 투여되는 비용은 800만 원 정도인데, 지금 의뢰인께서 말씀하시는 300만 원의 비용만을 받게 된다면 저희들은 약 500만 원 정도의 손해를 볼 수밖에 없습니다."

B : 그렇군요.

A : "그 정도로 손실을 보게 되면 저는 대표변호사님이나 선배 변호사님들께 다른 사건을 두고 왜 이 사건을 진행해서 전체적인 사무실 수익성을 악화시켰냐는 질책을 받을 수 있습니다. 어차피 법률사무소도 수익을 내지 않으면 힘들다는 것은 이해하실 수 있으시겠죠?"

B : 네, 이해가 됩니다.

A : "어느 정도 비용을 보장해 주셔야 저희 변호사들이 힘을 내서 일을 할 수 있고, 사무실 차원에서도 제가 전폭적인 지원을 이끌어낼 수 있습니다. 이는 귀사를 위해서도 바람직할 것이라 여겨집니다."

B : 네

A : "너무 제 입장만 말씀 드린 거 같습니다. 제 의견에 대해 어떻게 생각하시는지요?"

B : 듣고 보니 맞는 말씀이네요.

① 상대에게 솔직하다는 느낌을 전달하게 된다.
② 상대가 나의 입장과 감정을 전달해서 상호 이해를 돕는다.
③ 상대는 나의 느낌을 수용하며, 자발적으로 스스로의 문제를 해결하고자 하는 의도를 가진다.
④ 상대에게 개방적이라는 느낌을 전달하게 된다.
⑤ 상대는 변명하려 하거나 반감, 저항, 공격성을 보인다.

18. 다음 글에서 나타난 갈등을 해결한 방법은?

갑과 을은 일 처리 방법으로 자주 얼굴을 붉힌다. 갑은 처음부터 끝까지 계획에 따라 일을 진행하려고 하고, 을은 일이 생기면 즉흥적으로 해결하는 성격이다. 같은 회사 동료인 병은 이 둘에게 서로의 성향 차이를 인정할 줄 알아야 한다고 중재를 했고, 이 둘은 어쩔 수 없이 포기하는 것이 아닌 서로간의 차이가 있다는 점을 비로소 인정하게 되었다.

① 사람들과 눈을 자주 마주친다.
② 다른 사람들의 입장을 이해한다.
③ 사람들이 당황하는 모습을 자세하게 살핀다.
④ 자신의 의견을 명확하게 밝히고 지속적으로 강화한다.
⑤ 어려운 문제는 피하지 말고 맞선다.

19. 효과적인 팀이란 팀 에너지를 최대로 활용하는 고성과 팀이다. 다음 중 이러한 '효과적인 팀'이 가진 특징으로 적절하지 않은 것은?

① 역할과 책임을 명료화시킨다.
② 결과보다는 과정에 초점을 맞춘다.
③ 개방적으로 의사소통한다.
④ 개인의 강점을 활용한다.
⑤ 팀 자체의 효과성을 평가한다.

20. 다음 사례에서 장부장이 취할 수 있는 가장 적절한 행동은 무엇인가?

서울에 본사를 둔 T그룹은 매년 상반기와 하반기에 한 번씩 전 직원이 워크숍을 떠난다. 이는 평소 직원들 간의 단체생활을 중시 여기는 T그룹 회장의 지침 때문이다. 하지만 워낙 직원이 많은 T그룹이다 보니 전 직원이 한꺼번에 움직이는 것은 불가능하고 각 부서별로 그 부서의 장이 재량껏 계획을 세우고 워크숍을 진행하도록 되어 있다. 이에 따라 생산부서의 장부장은 부원들과 강원도 태백산에 가서 1박 2일로 야영을 하기로 했다. 하지만 워크숍을 가는 날 아침 갑자기 예약한 버스가 고장이 나서 출발을 못한다는 연락을 받았다.

① 워크숍은 장소보다도 이를 통한 부원들의 단합과 화합이 중요하므로 서울 근교의 적당한 장소를 찾아 워크숍을 진행한다.
② 무슨 일이 있어도 계획을 실행하기 위해 새로 예약 가능한 버스를 찾아보고 태백산으로 간다.
③ 어쩔 수 없는 일이므로 상사에게 사정을 얘기하고 이번 워크숍은 그냥 집에서 쉰다.
④ 각 부원들에게 의견을 물어보고 각자 자율적으로 하고 싶은 활동을 하도록 한다.
⑤ 시간이 늦어지더라도 예정된 강원도로 야영을 간다.

21. 다음 중 협상에서 주로 나타나는 실수와 그 대처방안이 잘못된 것은?

① 준비되기도 전에 협상이 시작되는 경우 아직 준비가 덜 되었음을 솔직히 말하고 상대방의 입장을 묻는 기회로 삼는다.
② 협상 상대가 협상에 대하여 타결권한을 가진 최고책임자인지 확인하고 협상을 시작한다.
③ 협상의 통제권을 잃을까 두려워하지 말고 의견 차이를 조정하면서 최선의 해결책을 찾기 위해 노력한다.
④ 설정한 목표와 한계에서 벗어나지 않기 위해 한계와 목표를 기록하고 협상의 길잡이로 삼는다.
⑤ 협상 당사자 간에 기대하는 바에 일관성 있게 헌신적으로 부응한다.

22. 갈등해결방법 모색 시 명심해야 할 사항으로 옳지 않은 것은?

① 다른 사람들의 입장 이해하기
② 어려운 문제에 맞서기
③ 어느 한쪽으로 치우치지 않기
④ 적극적으로 논쟁하기
⑤ 존중하는 자세로 대하기

23. 다음에서 설명하는 갈등해결방법은?

자신에 대한 관심은 낮고 상대방에 대한 관심은 높은 경우로, '나는 지고 너는 이기는 방법'이다. 주로 상대방이 거친 요구를 해오는 경우 전형적으로 나타난다.

① 회피형
② 경쟁형
③ 수용형
④ 타협형
⑤ 통합형

24. 다음 사례에 나타난 리더십 유형의 특징으로 옳은 것은?

이번에 새로 팀장이 된 대근은 입사 5년차인 비교적 젊은 팀장이다. 그는 자신의 팀에 있는 팀원들은 모두 나름대로의 능력과 경험을 가지고 있으며 자신은 그들 중 하나에 불과하다고 생각한다. 따라서 다른 팀의 팀장들과 같이 일방적으로 팀원들에게 지시를 내리거나 팀원들의 의견을 듣고 그 중에서 마음에 드는 의견을 선택적으로 추리는 등의 행동을 하지 않고 평등한 입장에서 팀원들을 대한다. 또한 그는 그의 팀원들에게 의사결정 및 팀의 방향을 설정하는데 참여할 수 있는 기회를 줌으로써 팀 내 행동에 따른 결과 및 성과에 대해 책임을 공유해 나가고 있다. 이는 모두 팀원들의 능력에 대한 믿음에서 비롯된 것이다.

① 질문을 금지한다.
② 모든 정보는 리더의 것이다.
③ 실수를 용납하지 않는다.
④ 책임을 공유한다.
⑤ 핵심정보를 공유하지 않는다.

|25~27| 다음에 나열된 숫자의 규칙을 찾아 빈칸에 들어가기 적절한 수를 고르시오.

25.

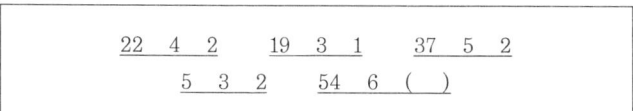

22	4	2		19	3	1	37	5	2
5	3	2		54	6	( )			

① 0　　　　　　　　② 1

③ 2　　　　　　　　④ 3

⑤ 4

26.

78　86　92　94　98　106　( )

① 110　　　　　　　② 112

③ 114　　　　　　　④ 116

⑤ 118

27.

$\dfrac{1}{3}$	$\dfrac{4}{5}$	$\dfrac{13}{9}$	$\dfrac{40}{17}$	$\dfrac{121}{33}$	( )	$\dfrac{1093}{129}$

① $\dfrac{364}{65}$　　　　　　② $\dfrac{254}{53}$

③ $\dfrac{413}{48}$　　　　　　④ $\dfrac{197}{39}$

⑤ $\dfrac{174}{36}$

28. 피자 1판의 가격이 치킨 1마리의 가격의 2배인 가게가 있다. 피자 3판과 치킨 2마리의 가격의 합이 80,000원일 때, 피자 1판의 가격은?

① 10,000원　　　　　② 12,000원

③ 15,000원　　　　　④ 18,000원

⑤ 20,000원

29. ○○그룹은 직원들의 인문학 역량 향상을 위하여 독서 캠페인을 진행하고 있다. 다음 〈표〉는 인사팀 사원 6명의 지난달 독서 현황을 보여주는 자료이다. 이 자료를 바탕으로 할 때, 〈보기〉의 설명 가운데 옳지 않은 것을 모두 고르면?

〈표〉 인사팀 사원별 독서 현황

구분 ＼ 사원	준호	영우	나현	준걸	주연	태호
성별	남	남	여	남	여	남
독서량(권)	0	2	6	4	8	10

〈보기〉
㉠ 인사팀 사원들의 평균 독서량은 5권이다.
㉡ 남자 사원인 동시에 독서량이 5권 이상인 사원수는 남자 사원수의 50% 이상이다.
㉢ 독서량이 2권 이상인 사원 가운데 남자 사원의 비율은 인사팀에서 여자 사원 비율의 2배이다.
㉣ 여자 사원이거나 독서량이 7권 이상인 사원수는 전체 인사팀 사원수의 50% 이상이다.

① ㉠, ㉡　　　　　　② ㉠, ㉢

③ ㉠, ㉣　　　　　　④ ㉡, ㉢

⑤ ㉡, ㉣

30. 다음은 '갑' 지역의 연도별 65세 기준 인구의 분포를 나타낸 자료이다. 이에 대한 올바른 해석은 어느 것인가?

구분	인구 수(명)		
	계	65세 미만	65세 이상
2018년	66,557	51,919	14,638
2019년	68,270	53,281	14,989
2020년	150,437	135,130	15,307
2021년	243,023	227,639	15,384
2022년	325,244	310,175	15,069
2023년	465,354	450,293	15,061
2024년	573,176	557,906	15,270
2025년	659,619	644,247	15,372

① 65세 미만 인구수는 조금씩 감소하였다.
② 2025년 인구수가 2018년에 비해 약 10배로 증가한 데에는 65세 미만 인구수의 영향이 크다.
③ 65세 이상 인구수는 매년 지속적으로 증가하였다.
④ 65세 이상 인구수는 매년 전체의 5% 이상이다.
⑤ 전년 대비 65세 이상 인구수가 가장 많이 변화한 3개 연도는 2019년, 2020년, 2024년이다.

31. 다음 표는 우리나라의 기대수명과 고혈압 및 당뇨 유병률, 비만율에 대한 표이다. 이에 대한 설명으로 옳은 것은?

(단위 : 세, %)

	2019	2020	2021	2022	2023	2024	2025
기대수명	79.6	80.1	80.5	80.8	81.2	81.4	81.9
고혈압 유병률	24.6	26.3	26.4	26.9	28.5	29	27.3
당뇨 유병률	9.6	9.7	9.6	9.7	9.8	9	11
비만율	31.7	30.7	31.3	30.9	31.4	32.4	31.8

① 고혈압 유병률과 당뇨 유병률은 해마다 증가하고 있다.
② 고혈압 유병률의 변동은 2023년에 가장 크게 나타났다.
③ 당뇨 유병률의 변동은 1% 이상 나타나지 않는다.
④ 비만율의 증감은 증가 또는 감소와 같이 일정한 방향성이 없다.
⑤ 기대수명은 해마다 0.5세 이상 변동이 나타난다.

32. A, B, C 직업을 가진 부모 세대 각각 200명, 300명, 400명을 대상으로 자녀도 동일 직업을 갖는지 여부를 물은 설문조사 결과가 다음과 같았다. 다음 조사 결과를 올바르게 해석한 설명을 〈보기〉에서 모두 고른 것은 어느 것인가?

〈세대 간의 직업 이전 비율〉

(단위 : %)

자녀 직업 부모 직업	A	B	C	기타
A	35	20	40	5
B	25	25	35	15
C	25	40	25	10

* 한 가구 내에서 부모의 직업은 따로 구분하지 않으며, 모든 자녀의 수는 부모 당 1명이라고 가정한다.

〈보기〉

㈎ 부모와 동일한 직업을 갖는 자녀의 수는 C직업이 A직업보다 많다.

㈏ 부모의 직업과 다른 직업을 갖는 자녀의 비중은 B와 C직업이 동일하다.

㈐ 응답자의 자녀 중 A직업을 가진 사람은 B직업을 가진 사람보다 더 많다.

㈑ 기타 직업을 가진 자녀의 수는 B직업을 가진 부모가 가장 많다.

① ㈏, ㈐, ㈑

② ㈎, ㈏, ㈑

③ ㈎, ㈐, ㈑

④ ㈎, ㈏, ㈐

⑤ ㈎, ㈏, ㈐, ㈑

33. 귀하는 중견기업 영업관리팀 사원으로 매출분석업무를 담당하고 있다. 아래와 같이 엑셀 워크시트로 서울에 있는 강북, 강남, 강서, 강동 등 4개 매장의 '수량'과 '상품코드'별 단가를 이용하여 금액을 산출하고 있다. 귀하가 다음 중 [D2] 셀에서 사용하고 있는 함수식으로 옳은 것은 무엇인가? (금액 = 수량 × 단가)

자료

	A	B	C	D
1	지역	상품코드	수량	금액
2	강북	AA-10	15	45,000
3	강남	BB-20	25	125,000
4	강서	AA-10	30	90,000
5	강동	CC-30	35	245,000
6				
7		상품코드	단가	
8		AA-10	3,000	
9		BB-20	7,000	
10		CC-30	5,000	
11				

① =C2*VLOOKUP(B2,$B$8:$C$10, 1, 1)

② =B2*HLOOKUP(C2,$B$8:$C$10, 2, 0)

③ =C2*VLOOKUP(B2,$B$8:$C$10, 2, 0)

④ =C2*HLOOKUP($B$8:$C$10, 2, B2)

⑤ =B2*HLOOKUP($B$8:$C$10, 2, 0)

34. 다음 워크시트에서처럼 주민등록번호가 입력되어 있을 때, 이 셀의 값을 이용하여 [C1] 셀에 성별을 '남' 또는 '여'로 표시하고자 한다. [C1] 셀에 입력해야 하는 수식은? (단, 주민등록번호의 8번째 글자가 1이면 남자, 2이면 여자이다)

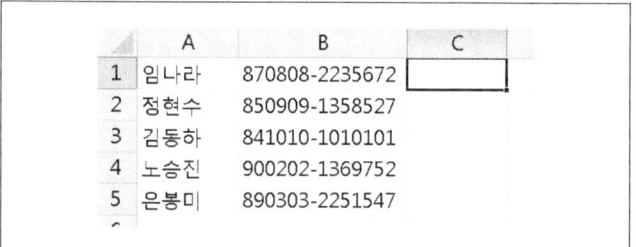

	A	B	C
1	임나라	870808-2235672	
2	정현수	850909-1358527	
3	김동하	841010-1010101	
4	노승진	900202-1369752	
5	은봉미	890303-2251547	

① =CHOOSE(MID(B1,8,1), "여", "남")

② =CHOOSE(MID(B1,8,2), "남", "여")

③ =CHOOSE(MID(B1,8,1), "남", "여")

④ =IF(RIGHT(B1,8)="1", "남", "여")

⑤ =IF(RIGHT(B1,8)="2", "남", "여")

35. 다음 워크시트에서 영업2부의 보험실적 합계를 구하고자 할 때, [G2] 셀에 입력할 수식으로 옳은 것은?

	A	B	C	D	E	F	G
1	성명	부서	성별	보험실적		부서	보험실적 합계
2	윤진주	영업1부	여	13		영업2부	
3	임성민	영업2부	남	12			
4	김옥순	영업1부	남	15			
5	김은지	영업3부	여	20			
6	최준오	영업2부	남	8			
7	윤한성	영업3부	남	9			
8	하은영	영업2부	여	11			
9	남영호	영업1부	남	17			

① =DSUM(A1:D9,3,F1:F2)

② =DSUM(A1:D9,"보험실적",F1:F2)

③ =DSUM(A1:D9,"보험실적",F1:F3)

④ =SUM(A1:D9,"보험실적",F1:F2)

⑤ =SUM(A1:D9,4,F1:F2)

┃36~37┃ 다음은 선택정렬에 관한 설명과 예시이다. 이를 보고 물음에 답하시오.

선택정렬(Selection sort)은 주어진 데이터 중 최솟값을 찾고 최솟값을 정렬되지 않은 데이터 중 맨 앞에 위치한 값과 교환한다. 교환은 두 개의 숫자가 서로 자리를 맞바꾸는 것을 말한다. 정렬된 데이터를 제외한 나머지 데이터를 같은 방법으로 교환하여 반복하면 정렬이 완료된다.

〈예시〉
68, 11, 3, 82, 7을 정렬하려고 한다.

- 1회전 (최솟값 3을 찾아 맨 앞에 위치한 68과 교환)

68	11	3	82	7

3	11	68	82	7

- 2회전 (정렬이 된 3을 제외한 데이터 중 최솟값 7을 찾아 11과 교환)

3	11	68	82	7

3	7	68	82	11

- 3회전 (정렬이 된 3, 7을 제외한 데이터 중 최솟값 11을 찾아 68과 교환)

3	7	68	82	11

3	7	11	82	68

- 4회전 (정렬이 된 3, 7, 11을 제외한 데이터 중 최솟값 68을 찾아 82와 교환)

3	7	11	82	68

3	7	11	68	82

36. 다음 수를 선택정렬을 이용하여 오름차순으로 정렬하려고 한다. 2회전의 결과는?

5, 3, 8, 1, 2

① 1, 2, 8, 5, 3　　　　② 1, 2, 5, 3, 8

③ 1, 2, 3, 5, 8　　　　④ 1, 2, 3, 8, 5

⑤ 1, 2, 8, 3, 5

37. 다음 수를 선택정렬을 이용하여 오름차순으로 정렬하려고 한다. 3회전의 결과는?

55, 11, 66, 77, 22

① 11, 22, 66, 55, 77

② 11, 55, 66, 77, 22

③ 11, 22, 66, 77, 55

④ 11, 22, 55, 77, 66

⑤ 11, 22, 55, 66, 77

38. 다음 시트처럼 한 셀에 두 줄 이상 입력하려는 경우 줄을 바꿀 때 사용하는 키는?

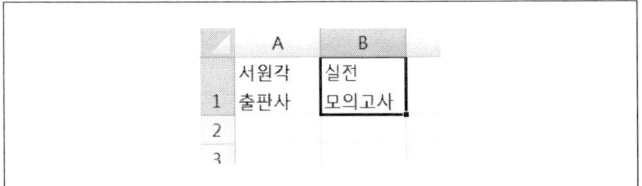

① 〈Shift〉+〈Ctrl〉+〈Enter〉

② 〈Alt〉+〈Enter〉

③ 〈Alt〉+〈Shift〉+〈Enter〉

④ 〈Shift〉+〈Enter〉

⑤ 〈Ctrl〉+〈Enter〉

39. 다음 ㉠~㉢의 설명에 맞는 용어가 순서대로 올바르게 짝지어진 것은 어느 것인가?

㉠ 유통분야에서 일반적으로 물품관리를 위해 사용된 바코드를 대체할 차세대 인식기술로 꼽히며, 판독 및 해독 기능을 하는 판독기(reader)와 정보를 제공하는 태그(tag)로 구성된다.

㉡ 컴퓨터 관련 기술이 생활 구석구석에 스며들어 있음을 뜻하는 '퍼베이시브 컴퓨팅(pervasive computing)'과 같은 개념이다.

㉢ 메신저 애플리케이션의 통화 기능 또는 별도의 데이터 통화 애플리케이션을 설치하면 통신사의 이동통신망이 아니더라도 와이파이(Wi-Fi)를 통해 단말기로 데이터 음성통화를 할 수 있으며, 이동통신망의 음성을 쓰지 않기 때문에 국외 통화 시 비용을 절감할 수 있다는 장점이 있다.

① RFID, 유비쿼터스, VoIP

② POS, 유비쿼터스, RFID

③ RFID, POS, 핫스팟

④ POS, VoIP, 핫스팟

⑤ RFID, VoIP, POS

40. 다음 중 아래 시트에서 'C6' 셀에 제시된 바와 같은 수식을 넣을 경우 나타나게 될 오류 메시지는 어느 것인가?

	A	B	C
1	직급	이름	수당(원)
2	과장	홍길동	750,000
3	대리	조길동	600,000
4	차장	이길동	830,000
5	사원	박길동	470,000
6	합계		=SUM(C2:C6)

① #NUM!　　　　　　② #VALUE!

③ #DIV/0!　　　　　④ 순환 참조 경고

⑤ #N/A

〉〉 건축일반(40문항)

41. 그림과 같은 교차보(Cross Beam) A, B의 최대휨모멘트의 비로서 옳은 것은? (단, 각 부재의 EI는 일정함)

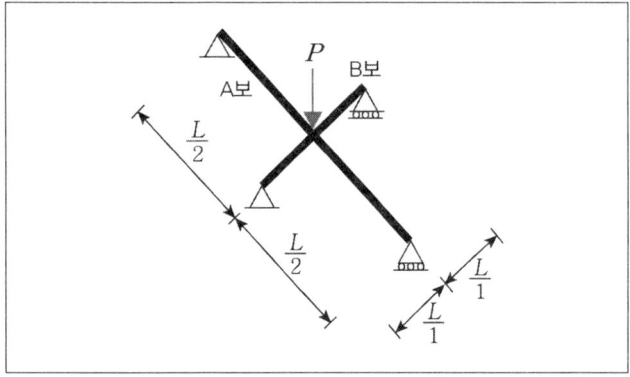

① 1 : 2

② 1 : 3

③ 1 : 4

④ 1 : 6

⑤ 1 : 8

42. 그림과 같이 스팬 7.2m, 간격 3m인 합성보 A의 슬래브 유효폭은?

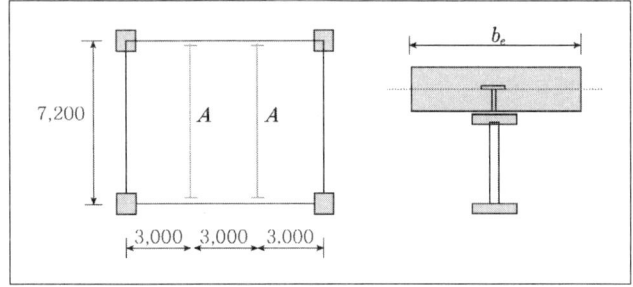

① 1,400mm

② 1,600mm

③ 1,800mm

④ 2,000mm

⑤ 2,400mm

43. 철골구조 주각부의 구상요소가 아닌 것은?

① 커버 플레이트

② 앵커볼트

③ 리브 플레이트

④ 베이스 플레이트

⑤ 윙플레이트

44. 강구조의 볼트접합 구성에 관한 일반적인 설명으로 바르지 않은 것은?

① 볼트의 중심사이의 간격을 게이지라인이라고 한다.

② 볼트는 가공정밀도에 따라 상볼트, 중볼트, 흑볼트로 나뉜다.

③ 게이지라인과 게이지라인과의 거리를 게이지라고 한다.

④ 배치방식은 정렬배치와 엇모배치가 있다.

⑤ 최외단에 설치한 볼트중심에서 부채끝까지의 거리를 열단 거리라고 한다.

45. 다음 보의 재질과 단면의 크기가 같을 때 (A)보의 최대처짐은 (B)보의 몇 배인가?

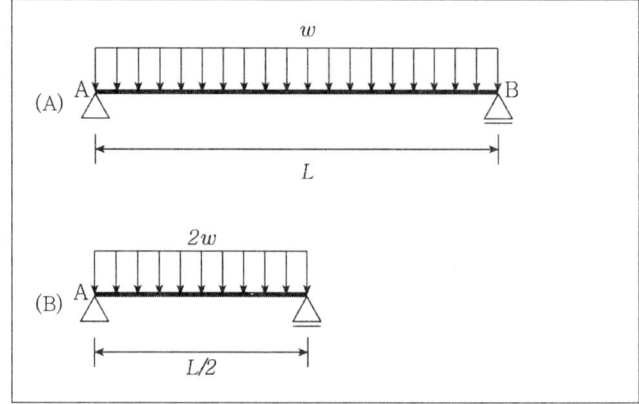

① 2배　　　　② 4배

③ 8배　　　　④ 12배

⑤ 16배

46. 다음 중 연약지반의 기초에 관한 대책으로 옳지 않은 것은?

① 건물을 경량화한다.

② 지하실을 설치한다.

③ 마찰 말뚝을 이용한다.

④ 건물의 길이를 길게 한다.

⑤ 온통기초로 한다.

47. 철근콘크리트 T형보의 유효폭 산정식에 관련된 사항으로 거리가 먼 것은?

① 보의 폭　　　　　② 슬래브 중심간 거리

③ 슬래브 두께　　　　④ 보의 춤

⑤ 보의 경간

48. 철근의 정착길이에 관한 사항으로 옳지 않은 것은?

① 인장이형철근 및 이형철선의 정착길이는 항상 300mm 이상이어야 한다.

② 압축이형철근의 정착길이 ld는 항상 150mm 이상이어야 한다.

③ 인장 또는 압축을 받는 하나의 다발철근 내에 잇는 개개 철근의 정착길이 ld는 다발철근이 아닌 경우의 각 철근의 정착길이보다 3개의 철근으로 구성된 다발철근에 대해서 20% 증가시켜야 한다.

④ 단부에 표준갈고리를 갖는 인장이형철근의 정착길이는 항상 8db 이상 또한 150mm 이상이어야 한다.

⑤ 다발철근의 정착길이를 계산할 때는 보정계수를 적절하게 선택하기 위해 한 다발 내에 있는 전체 철근 단면적을 등가단면으로 환산하여 산정된 지름으로 된 하나의 철근을 취급해야 한다.

49. 철골트러스의 특성에 관한 설명으로 옳지 않은 것은?

① 직선 부재들이 삼각형의 형태로 구성되어 안정적인 거동을 한다.

② 트러스의 개방된 웨브공간으로 전기배선이나 덕트등과 같은 설비배관의 통과가 가능하다.

③ 부정정차수가 낮은 트러스의 경우에는 일부 부재나 접합부의 파괴가 트러스의 붕괴를 야기할 수 있다.

④ 직선 부재로만 구성되기 때문에 비정형 건축물의 구조체에는 적용되지 않는다.

⑤ 프랫트러스는 경사재가 인장재이며 경사방향이 양단에서 중심으로 하향하는 트러스이다.

50. 지진하중 설계 시 밑면 전단력과 관계가 없는 것은?

① 유효건물중량

② 중요도계수

③ 지반증폭계수

④ 가스트계수

⑤ 반응수정계수

51. 다음 중 강구조에 관한 설명으로 바르지 않은 것은?

① 장스팬의 구조물이나 고층구조물에 적합하다.

② 재료가 불에 타지 않기 때문에 내화성이 크다.

③ 강재는 다른 구조재료에 비하여 균질도가 높다.

④ 단면에 비하여 부재길이가 비교적 길고 두께가 얇아 좌굴하기 쉽다.

⑤ 콘크리트에 철골부재가 매입되기도 하고 강관 내부에 콘크리트가 매입되기도 한다.

52. 다음 중 표준시방서에 따른 시스템비계에 관한 기준으로 바르지 않은 것은?

① 수직재와 수직재의 연결은 전용의 연결조인트를 사용하여 견고하게 연결하고, 연결부위가 탈락 또는 꺾어지지 않도록 하여야 한다.

② 수평재는 수직재에 연결핀 등의 결합방법에 의해 견고하게 결합되어 흔들리거나 이탈되지 않도록 해야 한다.

③ 대각으로 설치하는 가새는 비계의 외면으로 수평면에 대해 40~60도 방향으로 설치하며 수평재 및 수직재에 결속한다.

④ 시스템 비계 최하부에 설치하는 수직재는 받침 철물의 조절너트와 밀착되도록 설치해야 하며 수직과 수평을 유지해야 한다. 이때, 수직재와 받침철물의 겹침길이는 받침철물 전체길이의 5분의 1이상이 되도록 해야 한다.

⑤ 수직재 양 단부에 이탈 방지용 핀 구멍이 있는 경우에는 단부에서 핀 구멍까지의 간격은 40㎜ 이상이어야 한다.

53. 건설현장에서 공사감리자로 근무하고 있는 A씨가 하는 업무에 해당되지 않는 것은?

① 상세시공도면의 작성

② 공사시공자가 사용하는 건축자재가 관계법령에 의한 기준에 적합한 건축자재인지 여부의 확인

③ 공사현장에서의 안전관리지도

④ 품질시험의 실시여부 및 시험성과의 검토, 확인

⑤ 건축자재가 기준에 적합한지의 여부 확인

54. 공사장 부지의 경계선으로부터 50m 이내에 주거·상가건물이 있는 경우에 공사현장 주위에 가설울타리는 최소 얼마 이상으로 해야 하는가?

① 1.5m ② 1.8m

③ 2m ④ 3m

⑤ 5m

55. 다음과 같은 원인으로 인하여 발생하는 용접 결함의 종류는?

원인 : 도료, 녹, 밀, 스케일, 모재의 수분

① 피트 ② 언더컷

③ 오버랩 ④ 엔드탭

⑤ 블로우홀

56. 경량기포콘크리트(ALC)에 관한 설명으로 옳지 않은 것은?

① 기건 비중은 보통 콘크리트의 약 1/4 정도로 경량이다.

② 열전도율은 보통 콘크리트의 약 1/10 정도로서 단열성이 우수하다.

③ 유기질 소재를 주원료로 사용하여 내화성능이 매우 낮다.

④ 흡음성과 차음성이 우수하다.

⑤ 강도는 일반콘크리트보다 약하다.

57. 건축주가 시공회사의 신용, 자산, 공사경력, 보유기자재 등을 고려하여 그 공사에 적격한 하나의 업체를 지명하여 입찰시키는 방법은?

① 공개경쟁입찰

② 제한경쟁입찰

③ 지명경쟁입찰

④ 특명입찰

⑤ 내역입찰

58. 다음 중 합성수지에 관한 설명으로 바르지 않은 것은?

① 에폭시 수지는 접착제, 프린트 배선판 등에 사용된다.

② 염화비닐수지는 내후성이 있고, 수도관 등에 사용된다.

③ 아크릴 수지는 내약품성이 있고, 조명기구커버 등에 사용된다.

④ 페놀수지는 알칼리에 매우 강하고, 천장채광판 등에 주로 사용된다.

⑤ 열경화성 수지는 열을 한 번 받아서 경화가 되면 다시 열을 가해도 연화되지 않는다.

59. 건설현장에서 굳지 않은 콘크리트에 대해 실시하는 시험으로 바르지 않은 것은?

① 슬럼프(Slump)시험

② 코어(Core) 시험

③ 염화물 시험

④ 공기량 시험

⑤ 흐름(Flow) 시험

60. 다음 중 목공사에 사용되는 철물에 대한 설명으로 옳지 않은 것은?

① 감잡이쇠는 큰 보에 걸쳐 작은 보를 받게 하고, 안장쇠는 평보를 대공에 달아매는 경우 또는 평보와 ㅅ자보의 밑에 쓰인다.

② 못의 길이는 박아대는 재두께의 2.5배 이상이며 마구리 등에 박는 것은 3.0배 이상으로 한다.

③ 볼트 구멍은 볼트지름보다 3mm 이상 커서는 안 된다.

④ 듀벨은 볼트와 같이 사용하여 듀벨에는 전단력, 볼트에는 인장력을 분담시킨다.

⑤ 띠쇠는 나무 구조물에 꺾어 대거나 휘어 감아서 두 부재가 벌어지지 않게 하는 좁고 긴 철판이다.

61. 다음 중 시멘트 액체방수에 관한 설명으로 바르지 않은 것은?

① 값이 저렴하고 시공 및 보수가 용이한 편이다.

② 바탕의 상태가 습하거나 수분이 함유되어 있더라도 시공할 수 있다.

③ 옥상 등 실외에서는 효력의 지속성을 기대할 수 없다.

④ 바탕콘크리트의 침하, 경화 후의 건조수축, 균열 등 구조적 변형이 심한 부분에도 사용할 수 있다.

⑤ 공사비가 저렴하고 재료의 취급이 용이하며 결함부를 쉽게 발견할 수 있다.

62. 압연강재가 냉각될 때 표면에 생기는 산화철 표피를 무엇이라고 하는가?

① 스패터   ② 밀스케일

③ 슬래그   ④ 비드

⑤ 슬러지

63. 다음 중 경량골재 콘크리트와 관련된 기준으로 바르지 않은 것은?

① 단위시멘트량의 최솟값 : 400kg/m^3

② 물-결합재비의 최댓값 : 60%

③ 기건단위질량(경량골재 콘크리트 1종) : 1,700~2,000kg/m^3

④ 굵은 골재의 최대치수 : 20mm

⑤ 공기량 : 보통 콘크리트 대비 1% 높게 권장

64. 건축물에 사용되는 금속제품과 그 용도가 바르게 연결되지 않은 것은

① 피벗 : 문의 하부 발이 닿는 부분에 대하여 문짝이 손상되는 것을 방지하는 철물

② 코너비드 : 벽, 기둥 등의 모서리에 대는 보호용 철물

③ 논슬립 : 계단에 사용하는 미끄럼 방지 철물

④ 조이너 : 천장, 벽 등의 이음새 감추기용 철물

⑤ 인서트 : 구조물 등을 달아매기 위하여 콘크리트 바닥판에 미리묻어 놓는 철물

65. 유리섬유(glass fiber)에 관한 설명으로 바르지 않은 것은?

① 단위면적에 따른 인장강도는 다르고, 가는 섬유일수록 인장강도는 크다.

② 탄성이 적고 전기절연성이 크다.

③ 내화성, 단열성, 내수성이 좋다.

④ 경량이면서 굴곡에 강하다.

⑤ 유기 섬유보다 내열성이 높고 불연성이다.

66. 콘크리트 보수 및 보강에 관한 설명으로 바르지 않은 것은?

① 주입공법은 작업의 신속성을 위하여 균열부위에 주입파이프를 설치하여 보수재를 고압고속으로 주입하는 공법이다.

② 표면처리 공법은 균열 0.2mm 이하 부위에 수지로 충전하고 균열표면에 보수재료를 씌우는 공법이다.

③ 충전공법 사용재료는 실링재, 에폭시수지 및 폴리머시멘트 모르타르 등이 있다.

④ 탄소섬유접착공법은 탄소섬유판을 에폭시수지 등으로 콘크리트 면에 부착시켜 탄소섬유판의 높은 인장저항성으로 콘크리트를 보강하는 공법이다.

⑤ 강재앵커공법은 균열부분을 U형 앵커체로 통합시켜 내하력을 회복시키는 방법이다.

67. 실내의 투시도를 그리는 방법으로 가장 적합한 것은?

① 1소점 투시도   ② 2소점 투시도

③ 3소점 투시도   ④ 등각 투시도

⑤ 부등각 투상도

68. 다음 중 건축허가신청에 필요한 기본설계도서에 해당하지 않는 것은?

① 구조계산서   ② 설계설명서

③ 소방설비도   ④ 실시설계도

⑤ 건축계획서

69. 건축제도에서 원칙으로 하는 치수의 단위는

① μm   ② mm

③ cm   ④ km

⑤ inch

70. 건축제도에 사용되는 선에 대한 설명으로 옳지 않은 것은?

① 실선은 보이는 부분의 윤곽 표시에 사용된다.

② 파선은 보이지 않는 부분의 표시에 사용된다.

③ 점선은 중심선, 절단선 등의 표시에 사용된다.

④ 1점 쇄선은 기준선, 경계선 등의 표시에 사용된다.

⑤ 2점 쇄선은 상실선 또는 1점 쇄선과 구별이 필요할 때 사용된다.

71. 다음 중 철근의 부착성능에 영향을 주는 요인에 관한 설명으로 옳지 않은 것은?

① 이형철근이 원형철근보다 부착강도가 크다.

② 블리딩의 영향으로 수직철근이 수평철근보다 부착강도가 작다.

③ 보통의 단위중량을 갖는 콘크리트의 부착강도는 콘크리트의 인장강도, 즉 $\sqrt{f_{ck}}$ 에 비례한다.

④ 피복두께가 크면 부착강도가 크다.

⑤ 콘크리트의 강도가 클수록 부착강도가 증가한다.

72. 콘크리트 균열의 발생시기에 따라 구분할 때 콘크리트의 경화 전 균열의 원인이 아닌 것은?

① 크리프 수축

② 거푸집의 변형

③ 침하

④ 소성수축

⑤ 자기수축균열

73. 보통 콘크리트용 부순 골재의 원석으로서 가장 적합하지 않은 것은?

① 현무암

② 응회암

③ 안산암

④ 화강암

⑤ 화산암

74. 열적외선을 반사하는 은소재 도막으로 코팅하여 방사율과 열관류율을 낮추고 가시광선 투과율을 높인 유리는?

① 스팬드럴 유리

② 접합유리

③ 배강도유리

④ 로이유리

⑤ 강화유리

75. TQC를 위한 7가지 도구 중 다음 설명에 해당하는 것은?

> 모집단에 대한 품질특성을 알기 위하여 모집단의 분포상태, 분포의 중심위치, 분포의 산포 등을 쉽게 파악할 수 있도록 막대그래프 형식으로 작성한 도수분포도를 말한다.

① 히스토그램

② 특성요인도

③ 파레토도

④ 체크시트

⑤ 층별

76. 타일 108mm 각으로, 줄눈을 5mm로 벽면 $6m^2$를 붙일 때 필요한 타일의 장수는? (단, 정미량으로 계산)

① 350장

② 400장

③ 470장

④ 520장

⑤ 615장

77. 스프레이 도장방법에 관한 설명으로 옳지 않은 것은?

① 도장거리는 스프레이 도장면에서 150mm를 표준으로 하고 압력에 따라 가감한다.

② 스프레이할 때에는 매끈한 평면을 얻을 수 있도록 하고, 항상 평행이동하면서 운행의 한 줄마다 스프레이 너비의 1/3 정도를 겹쳐 뿜는다.

③ 각 회의 스프레이 방향은 전회의 방향에 직각으로 한다.

④ 에어레스 스프레이 도장은 1회 도장에 두꺼운 도막을 얻을 수 있고 짧은 시간에 넓은 면적을 도장할 수 있다.

⑤ 불투명한 도장일 때에는 하도, 중도, 상도 공정의 각 도막층별로 색깔을 될 수 있는 한 달리하여 몇 번째의 도장 도막인가를 판별할 수 있도록 한다.

78. 건축공사에서 공사원가를 구성하는 직접공사비에 포함되는 항목을 바르게 나열한 것은?

① 자재비, 노무비, 이윤, 일반관리비

② 자재비, 노무비, 이윤, 경비

③ 자재비, 노무비, 외주비, 경비

④ 자재비, 노무비, 외주비, 일반관리비

⑤ 자재비, 외주비, 부가가치세

79. 다음 중 돌로마이트 플라스터 바름에 관한 설명으로 바르지 않은 것은?

① 실내온도가 5℃ 이하일 때는 공사를 중단하거나 난방을 하여 5℃ 이상으로 유지해야 한다.

② 정벌바름용 반죽은 물과 혼합한 후 4시간 정도 지난 다음 사용하는 것이 바람직하다.

③ 초벌바름에 균열이 없을 때에는 고름질한 후 7일 이상 두어 고름질면의 건조를 기다린 후 균열이 발생하지 아니함을 확인한 다음 재벌바름을 실시한다.

④ 재벌바름이 지나치게 건조한 때에는 적당히 물을 뿌리고 정벌바름을 한다.

⑤ 바름작업 중에는 될 수 있는대로 통풍을 피하는 것이 좋으나 초벌바름 후, 고름질 후, 특히 정벌 바름 후 적당히 환기하여 바름면이 서서히 건조되도록 한다.

80. 가치공학 수행계획의 4단계로 바른 것은?

① 정보(Informative)-제안(Proposal)-고안(Speculative)-분석(Analytical)

② 정보(Informative)-고안(Speculative)-분석(Analytical)-제안(Proposal)

③ 분석(Analytical)-정보(Informative)-제안(Proposal)-고안(Speculative)

④ 제안(Proposal)-정보(Informative)-고안(Speculative)-분석(Analytical)

⑤ 고안(Speculative)-정보(Informative)-제안(Proposal)-분석(Analytical)

대구교통공사 필기시험 모의고사

직업기초능력평가

	1	2	3	4	5
1	①	②	③	④	⑤
2	①	②	③	④	⑤
3	①	②	③	④	⑤
4	①	②	③	④	⑤
5	①	②	③	④	⑤
6	①	②	③	④	⑤
7	①	②	③	④	⑤
8	①	②	③	④	⑤
9	①	②	③	④	⑤
10	①	②	③	④	⑤
11	①	②	③	④	⑤
12	①	②	③	④	⑤
13	①	②	③	④	⑤
14	①	②	③	④	⑤
15	①	②	③	④	⑤
16	①	②	③	④	⑤
17	①	②	③	④	⑤
18	①	②	③	④	⑤
19	①	②	③	④	⑤
20	①	②	③	④	⑤
21	①	②	③	④	⑤
22	①	②	③	④	⑤
23	①	②	③	④	⑤
24	①	②	③	④	⑤
25	①	②	③	④	⑤
26	①	②	③	④	⑤
27	①	②	③	④	⑤
28	①	②	③	④	⑤
29	①	②	③	④	⑤
30	①	②	③	④	⑤
31	①	②	③	④	⑤
32	①	②	③	④	⑤
33	①	②	③	④	⑤
34	①	②	③	④	⑤
35	①	②	③	④	⑤
36	①	②	③	④	⑤
37	①	②	③	④	⑤
38	①	②	③	④	⑤
39	①	②	③	④	⑤
40	①	②	③	④	⑤

건축일반

	1	2	3	4	5
41	①	②	③	④	⑤
42	①	②	③	④	⑤
43	①	②	③	④	⑤
44	①	②	③	④	⑤
45	①	②	③	④	⑤
46	①	②	③	④	⑤
47	①	②	③	④	⑤
48	①	②	③	④	⑤
49	①	②	③	④	⑤
50	①	②	③	④	⑤
51	①	②	③	④	⑤
52	①	②	③	④	⑤
53	①	②	③	④	⑤
54	①	②	③	④	⑤
55	①	②	③	④	⑤
56	①	②	③	④	⑤
57	①	②	③	④	⑤
58	①	②	③	④	⑤
59	①	②	③	④	⑤
60	①	②	③	④	⑤
61	①	②	③	④	⑤
62	①	②	③	④	⑤
63	①	②	③	④	⑤
64	①	②	③	④	⑤
65	①	②	③	④	⑤
66	①	②	③	④	⑤
67	①	②	③	④	⑤
68	①	②	③	④	⑤
69	①	②	③	④	⑤
70	①	②	③	④	⑤
71	①	②	③	④	⑤
72	①	②	③	④	⑤
73	①	②	③	④	⑤
74	①	②	③	④	⑤
75	①	②	③	④	⑤
76	①	②	③	④	⑤
77	①	②	③	④	⑤
78	①	②	③	④	⑤
79	①	②	③	④	⑤
80	①	②	③	④	⑤

성명

수험번호

⑨	⑨	⑨	⑨	⑨	⑨	⑨	⑨
⑧	⑧	⑧	⑧	⑧	⑧	⑧	⑧
⑦	⑦	⑦	⑦	⑦	⑦	⑦	⑦
⑥	⑥	⑥	⑥	⑥	⑥	⑥	⑥
⑤	⑤	⑤	⑤	⑤	⑤	⑤	⑤
④	④	④	④	④	④	④	④
③	③	③	③	③	③	③	③
②	②	②	②	②	②	②	②
①	①	①	①	①	①	①	①
⓪	⓪	⓪	⓪	⓪	⓪	⓪	⓪

절 취 선

대구교통공사

건축일반

제3회 모의고사

성명		생년월일	
문제 수(배점)	80문항	풀이시간	/ 80분
영역	직업기초능력평가, 전공과목(건축일반)		
비고	객관식 5지선다형		

※ 유의사항

• 문제지 및 답안지의 해당란에 문제유형, 성명, 응시번호를 정확히 기재하세요.

• 모든 기재 및 표기사항은 "컴퓨터용 흑색 수성 사인펜"만 사용합니다.

• 예비 마킹은 중복 답안으로 판독될 수 있습니다.

>> 직업기초능력평가(40문항)

1. 밑줄 친 단어 중 우리말의 어문 규정에 따라 맞게 쓴 것은?

① <u>윗층</u>에 가 보니 전망이 정말 좋다.
② <u>뒷편</u>에 정말 오래된 감나무가 서 있다.
③ 그 일에 <u>익숙지</u> 못하면 그만 두자.
④ <u>생각컨대</u>, 그 대답은 옳지 않을 듯하다.
⑤ <u>윗어른</u>의 말씀은 잘 새겨들어야 한다.

2. 다음 중 띄어쓰기가 옳은 문장은?

① 같은 값이면 좀더 큰것을 달라고 해라.
② 나는 친구가 많기는 하지만 우리 집이 큰지 작은지를 아는 사람은 철수 뿐이다.
③ 진수는 마음 가는 대로 길을 떠났지만 집을 떠난지 열흘이 지나서는 갈 곳마저 없었다.
④ 경진은 애 쓴만큼 돈을 받고 싶었지만 주위에서는 그의 노력을 인정해 주지 않았다.
⑤ 대문밖에서 누군가 서성거리는 모습이 보였다.

3. 외래어 표기가 모두 옳은 것은?

① 뷔페 – 초콜렛 – 컬러
② 컨셉 – 서비스 – 윈도
③ 파이팅 – 악세사리 – 리더십
④ 플래카드 – 로봇 – 캐럴
⑤ 심포지움 – 마이크 – 이어폰

4. 다음 글의 중심 내용으로 가장 적절한 것을 고르시오.

행랑채가 퇴락하여 지탱할 수 없게끔 된 것이 세 칸이었다. 나는 마지못하여 이를 모두 수리하였다. 그런데 그중의 두 칸은 앞서 장마에 비가 샌 지가 오래되었으나, 나는 그것을 알면서도 이럴까 저럴까 망설이다가 손을 대지 못했던 것이고, 나머지 한 칸은 비를 한 번 맞고 샜던 것이라 서둘러 기와를 갈았던 것이다. 이번에 수리하려고 본즉 비가 샌 지 오래된 것은 그 서까래, 추녀, 기둥, 들보가 모두 썩어서 못 쓰게 되었던 까닭으로 수리비가 엄청나게 들었고, 한 번밖에 비를 맞지 않았던 한 칸의 재목들은 완전하여 다시 쓸 수 있었던 까닭으로 그 비용이 많이 들지 않았다.
나는 이에 느낀 것이 있었다. 사람의 몸에 있어서도 마찬가지라는 사실을. 잘못을 알고서도 바로 고치지 않으면 곧 그 자신이 나쁘게 되는 것이 마치 나무가 썩어서 못 쓰게 되는 것과 같으며, 잘못을 알고 고치기를 꺼리지 않으면 해(害)를 받지 않고 다시 착한 사람이 될 수 있으니, 저 집의 재목처럼 말끔하게 다시 쓸 수 있는 것이다. 뿐만 아니라 나라의 정치도 이와 같다. 백성을 좀먹는 무리들을 내버려두었다가는 백성들이 도탄에 빠지고 나라가 위태롭게 된다. 그런 연후에 급히 바로잡으려 하면 이미 썩어 버린 재목처럼 때는 늦은 것이다. 어찌 삼가지 않겠는가.

① 모든 일에 기초를 튼튼히 해야 한다.

② 청렴한 인재 선발을 통해 정치를 개혁해야 한다.

③ 잘못을 알게 되면 바로 고쳐 나가는 자세가 중요하다.

④ 훌륭한 위정자가 되기 위해서는 매사 삼가는 태도를 지녀야 한다.

⑤ 모든 일에는 순서가 있는 법이다.

5. 다음 괄호 안에 알맞은 접속사를 고르시오.

비자발적인 행위는 강제나 무지에서 비롯된 행위이다. ( )
자발적인 행위는 그것의 단초가 행위자 자신 안에 있다. 행위자 자신 안에 행위의 단초가 있는 경우에는 행위를 할 것인지 말 것인지가 행위자 자신에게 달려 있다.

욕망이나 분노에서 비롯된 행위들을 모두 비자발적이라고 할 수는 없다. 그것들이 모두 비자발적이라면 인간 아닌 동물 중 어떤 것도 자발적으로 행위를 하는 게 아닐 것이며, 아이들조차 그럴 것이기 때문이다. 우리가 욕망하는 것들 중에는 마땅히 욕망해야 할 것이 있는데, 그러한 욕망에 따른 행위는 비자발적이라고 할 수 없다. 실제로 우리는 어떤 것들에 대해서는 마땅히 화를 내야하며, 건강이나 배움과 같은 것은 마땅히 욕망해야 한다. 따라서 욕망이나 분노에서 비롯된 행위를 모두 비자발적인 것으로 보아서는 안 된다.

① 반면에   ② 더욱이

③ 그래서   ④ 그럼에도 불구하고

⑤ 따라서

6. 다음 글을 읽고 독자의 반응으로 적절한 것은?

제15조

① 청약은 상대방에게 도달한 때에 효력이 발생한다.

② 청약은 철회될 수 없는 것이더라도, 철회의 의사표시가 청약의 도달 전 또는 그와 동시에 상대방에게 도달하는 경우에는 철회될 수 있다.

제16조 청약은 계약이 체결되기까지는 철회될 수 있지만, 상대방이 승낙의 통지를 발송하기 전에 철회의 의사표시가 상대방에게 도달되어야 한다. 다만 승낙기간의 지정 또는 그 밖의 방법으로 청약이 철회될 수 없음이 청약에 표시되어 있는 경우에는 청약은 철회될 수 없다.

제17조

① 청약에 대한 동의를 표시하는 상대방의 진술 또는 그 밖의 행위는 승낙이 된다. 침묵이나 부작위는 그 자체만으로 승낙이 되지 않는다.

② 청약에 대한 승낙은 동의의 의사표시가 청약자에게 도달하는 시점에 효력이 발생한다. 청약자가 지정한 기간 내에 동의의 의사표시가 도달하지 않으면 승낙의 효력이 발생하지 않는다.

제18조 계약은 청약에 대한 승낙의 효력이 발생한 시점에 성립된다.

제19조 청약, 승낙, 그 밖의 의사표시는 상대방에게 구두로 통고된 때 또는 그 밖의 방법으로 상대방 본인, 상대방의 영업소나 우편주소에 전달된 때, 상대방이 영업소나 우편 주소를 가지지 아니한 경우에는 그의 상거소(常居所)에 전달된 때에 상대방에게 도달된다.

① 민우 : 계약은 청약에 대한 승낙의 효력이 발생할 때 성립되는구나.

② 정범 : 청약에 대한 부작위는 그 자체만으로 승낙이 될 수 있어.

③ 우수 : 청약자가 지정한 기간 내에 동의의 의사표시가 도달하지 않으면 승낙의 효력은 발생해.

④ 인성 : 청약은 계약이 체결되기까지는 철회될 수 없어.

⑤ 현진 : 청약은 상대방에게 도달하지 않아도 그 자체로 효력이 발생해.

7. 다음 글을 읽고 알 수 있는 내용이 아닌 것은?

농업이 경제에서 차지하는 비중이 절대적이었던 청나라는 백성들로부터 토지세(土地稅)와 인두세(人頭稅)를 징수하였다. 토지세는 토지를 소유한 사람들에게 토지 면적을 기준으로 부과되었는데, 단위 면적당 토지세액은 지방마다 달랐다. 한편 인두세는 모든 성인 남자들에게 부과되었는데, 역시 지방마다 금액에 차이가 있었다. 특히 인두세를 징수하기 위해서 정부는 정기적인 인구조사를 통해서 성인 남자 인구의 변동을 정밀하게 추적해야 했다.

그러다가 1712년 중국의 황제는 태평성대가 계속되고 있음을 기념하기 위해서 전국에서 거두는 인두세의 총액을 고정시키고 앞으로 늘어나는 성인 남자 인구에 대해서는 인두세를 징수하지 않겠다는 법령을 반포하였다. 1712년의 법령 반포 이후 지방에서 조세를 징수하는 관료들은 고정된 인두세 총액을 토지세 총액에 병합함으로써 인두세를 토지세에 부가하는 형태로 징수하는 조세 개혁을 추진하기 시작했다. 즉 해당 지방의 인두세 총액을 토지 총면적으로 나누어서 얻은 값을 종래의 단위면적당 토지세액에 더하려 했던 것이다. 그런데 조세 개혁에 대한 반발 정도가 지방마다 달랐고, 반발정도가 클수록 조세 개혁은 더 느리게 진행되었다. 이때 각 지방의 개혁에 대한 반발정도는 단위면적당 토지세액의 증가율에 정비례 하였다.

① 1712년 중국의 황제는 전국에서 거두는 인두세의 총액을 고정시키고 늘어나는 성인 남자 인구에 대해서는 인두세를 징수하지 않겠다는 법령을 반포하였다.

② 조세 개혁에 대한 반발 정도가 지방마다 달랐고, 반발정도가 클수록 조세 개혁은 더 느리게 진행되었다.

③ 인두세는 모든 성인 남자들에게 부과되었는데, 지방마다 금액에 차이가 있었다.

④ 토지세는 토지를 소유한 사람들에게 부과되었는데, 토지세액은 지방마다 달랐다.

⑤ 1712년의 법령 반포 이후 관료들은 고정된 토지세 총액을 인두세 총액에 병합함으로써 토지세를 인두세에 부가하는 형태로 징수하는 조세 개혁을 추진하기 시작했다.

8. 다음 글의 제목으로 가장 적절한 것을 고르시오.

현재 하천수 사용료는 국가 및 지방하천에서 생활·공업·농업·환경개선·발전 등의 목적으로 하천수를 취수할 때 허가를 받고 사용료를 납부하도록 하고 있다. 또한 사용료 징수 주체를 과거에는 국가하천은 국가, 지방하천은 지자체에서 허가하던 것을 2008년부터 하천수 사용의 허가 체계를 국토교통부로 일원화하여 관리하고 있다.

이를 위하여 크게 두 가지, 즉 하천 점용료 및 사용료 징수의 강화 및 현실화와 친수구역개발에 따른 개발이익의 환수와 활용에 대하여 보다 구체적인 실현방안을 추진하여 안정적이고 합리적 물 관리 재원 조성 기반을 확보하여야 한다. 하천시설이나 점용 시설에 대한 국가 관리기능 강화와 이에 의거한 점·사용료 부과·징수 기능을 확대하여야 한다. 그리고 실질적인 편익을 기준으로 하는 점·사용료 부과 등을 추진하는 것이 주효할 것이다. 국가하천정비사업 등을 통하여 조성·정비된 각종 친수시설이나 공간 등에 대한 국가 관리 권한의 확대를 통해 하천 관리의 체계성·계획성을 제고하여 나가야 한다. 다음으로 친수 구역에 대한 개발이익을 환수하여 하천구역 및 친수관리구역의 통합적 관리·이용을 위한 재원으로의 활용을 추진할 필요가 있으며, 하천구역 정비·관리에 의한 편익을 향유하는 하천연접지역에서의 개발 행위에 대해 수익자 부담원칙을 적용할 필요가 있다. 국민생활 밀착 공간, 환경오염 민감 지역, 국토방재 공간이라는 다면적 특성을 지닌 하천연접지역의 체계적이고 계획적인 관리와 이를 위한 재원 마련이 하천관리의 핵심적인 이슈이기 때문이다.

① 하천수 사용자에 대한 이익 환수 강화

② 하천수 사용료 제도의 실효성 확보

③ 국가의 하천 관리 개선 방안 제시

④ 현실적인 하천수 요금체계로의 전환

⑤ 하천수 사용료 제도의 문제점

9. 다음의 사전 정보를 활용하여 제품 A, B, C 중 하나를 사려고 한다. 다음 중 생각할 수 없는 상황은?

- 성능이 좋을수록 가격이 비싸다.
- 성능이 떨어지는 두 종류의 제품 가격의 합은 성능이 가장 좋은 다른 하나의 제품 가격보다 낮다.
- B는 성능이 떨어지는 제품이다.

① A제품이 가장 저렴하다.
② A제품과 B제품의 가격이 같다.
③ A제품과 C제품은 성능이 같다.
④ A제품보다 성능이 좋은 제품도 있다.
⑤ A제품이 가장 비싸다.

10. 다음은 2023 ~ 2025년 A국 10대 수출품목의 수출액에 관한 내용이다. 제시된 표에 대한 〈보기〉의 설명 중 옳은 것만 모두 고른 것은?

〈표 1〉 A국 10대 수출품목의 수출액 비중과 품목별 세계수출 시장 점유율(금액기준)

(단위 : %)

구분 품목	A국의 전체 수출액에서 차지하는 비중			품목별 세계수출시장에서 A국의 점유율		
연도	2023	2024	2025	2023	2024	2025
백색가전	13.0	12.0	11.0	2.0	2.5	3.0
TV	14.0	14.0	13.0	10.0	20.0	25.0
반도체	10.0	10.0	15.0	30.0	33.0	34.0
휴대폰	16.0	15.0	13.0	17.0	16.0	13.0
2,000cc 이하 승용차	8.0	7.0	8.0	2.0	2.0	2.3
2,000cc 초과 승용차	6.0	6.0	5.0	0.8	0.7	0.8
자동차용 배터리	3.0	4.0	6.0	5.0	6.0	7.0
선박	5.0	4.0	3.0	1.0	1.0	1.0
항공기	1.0	2.0	3.0	0.1	0.1	0.1
전자부품	7.0	8.0	9.0	2.0	1.8	1.7
계	83.0	82.0	86.0	—	—	—

※ A국의 전체 수출액은 매년 변동 없음

〈표 2〉 A국 백색가전의 세부 품목별 수출액 비중

(단위 : %)

연도 세부품목	2023	2024	2025
일반세탁기	13.0	10.0	8.0
드럼세탁기	18.0	18.0	18.0
일반냉장고	17.0	12.0	11.0
양문형 냉장고	22.0	26.0	28.0
에어컨	23.0	25.0	26.0
공기청정기	7.0	9.0	9.0
계	100.0	100.0	100.0

- ㉠ 2023년과 2025년 선박이 세계수출시장 규모는 같다.
- ㉡ 2024년과 2025년 A국의 전체 수출액에서 드럼세탁기가 차지하는 비중은 전년대비 매년 감소한다.
- ㉢ 2024년과 2025년 A국의 10대 수출품목 모두 품목별 세계수출시장에서 A국의 점유율은 전년대비 매년 증가한다.
- ㉣ 2025년 항공기 세계수출시장 규모는 A국 전체 수출액의 15배 이상이다.

① ㉠, ㉡　　　　　　② ㉠, ㉢
③ ㉡, ㉢　　　　　　④ ㉡, ㉣
⑤ ㉡, ㉢, ㉣

11. 다음 글을 근거로 판단할 때, 재산등록 의무자(A ~ E)의 재산등록 대상으로 옳은 것은?

재산등록 및 공개 제도는 재산등록 의무자가 본인, 배우자 및 직계존·비속의 재산을 주기적으로 등록·공개하도록 하는 제도이다. 이 제도는 재산등록 의무자의 재산 및 변동사항을 국민에게 투명하게 공개함으로써 부정이 개입될 소지를 사전에 차단하여 공직 사회의 윤리성을 높이기 위해 도입되었다.

- 재산등록 의무자 : 대통령, 국무총리, 국무위원, 지방자치단체장 등 국가 및 지방자치단체의 정무직 공무원, 4급 이상의 일반직·지방직 공무원 및 이에 상당하는 보수를 받는 별정직 공무원, 대통령령으로 정하는 외무공무원 등
- 등록대상 친족의 범위 : 본인, 배우자, 본인의 직계존·비속, 다만, 혼인한 직계비속인 여성, 외증조부모, 외조부모 및 외손자녀, 외증손자녀는 제외한다.
- 등록대상 재산 : 부동산에 관한 소유권·지상권 및 전세권, 자동차·건설기계·선박 및 항공기, 합명회사·합자회사 및 유한회사의 출자 지분, 소유자별 합계액 1천만 원 이상의 현금·예금·증권·채권·채무, 품목당 5백만 원 이상의 보석류, 소유자별 연간 1천만 원 이상의 소득이 있는 지식재산권

※ 직계존속 : 부모, 조부모, 증조부모 등 조상으로부터 자기에 이르기까지 직계로 하여 내려온 혈족
※ 직계비속 : 자녀, 손자, 증손 등 자기로부터 아래로 직계로 이어 내려가는 혈족

① 시청에 근무하는 4급 공무원 A의 동생이 소유한 아파트
② 시장 B의 결혼한 딸이 소유한 1,500만 원의 정기예금
③ 도지사 C의 아버지가 소유한 연간 600만 원의 소득이 있는 지식재산권
④ 정부부처 4급 공무원 상당의 보수를 받는 별정직 공무원 D의 아들이 소유한 승용차
⑤ 정부부처 4급 공무원 E의 이혼한 전처가 소유한 1,000만 원 상당의 다이아몬드

12. 다음 글을 근거로 판단할 때 옳은 것은?

○○리그는 10개의 경기장에서 진행되는데, 각 경기장은 서로 다른 도시에 있다. 또 이 10개 도시 중 5개는 대도시이고 5개는 중소도시이다. 매일 5개 경기장에서 각각 한 경기가 열리면 한 시즌 당 각 경기장에서 열리는 경기의 횟수는 10개 경기장 모두 동일하다.

대도시의 경기장은 최대수용인원이 3만 명이고, 중소도시의 경기장은 최대수용인원이 2만 명이다. 대도시 경기장의 경우는 매 경기 60%의 좌석 점유율을 나타내고 있는 반면 중소도시 경기장의 경우는 매 경기 70%의 좌석 점유율을 보이고 있다. 특정 경기장의 관중수는 그 경기장의 좌석 점유율에 최대수용인원을 곱하여 구한다.

① ○○리그의 1일 최대 관중수는 16만 명이다.
② 중소도시 경기장의 좌석 점유율이 10%p 높아진다면 대도시 경기장 한 곳의 관중수보다 중소도시 경기장 한 곳의 관중수가 더 많아진다.
③ 내년 시즌부터 4개의 대도시와 6개의 중소도시에서 경기가 열린다면 ○○리그의 한 시즌 전체 누적 관중수는 올 시즌 대비 2.5% 줄어든다.
④ 대도시 경기장의 좌석 점유율이 중소도시 경기장과 같고 최대수용인원은 그대로라면, ○○리그의 1일 평균 관중수는 11만 명을 초과하게 된다.
⑤ 중소도시 경기장의 최대수용인원이 대도시 경기장과 같고 좌석 점유율은 그대로라면, ○○리그의 1일 평균 관중수는 11만 명을 초과하게 된다.

13. 다음 연차수당 지급규정과 연차사용 내역을 참고로 할 때, 현재 지급받을 수 있는 연차수당의 금액이 같은 두 사람은 누구인가? (단, 일 통상임금=월 급여 ÷ 200시간 × 8시간, 만 원 미만 버림 처리한다)

제60조(연차 유급휴가)
① 사용자는 1년간 80퍼센트 이상 출근한 근로자에게 15일의 유급휴가를 주어야 한다.
② 사용자는 계속하여 근로한 기간이 1년 미만인 근로자 또는 1년간 80퍼센트 미만 출근한 근로자에게 1개월 개근 시 1일의 유급휴가를 주어야 한다.
③ 사용자는 근로자의 최초 1년간의 근로에 대하여 유급휴가를 주는 경우에는 제2항에 따른 휴가를 포함하여 15일로 하고, 근로자가 제2항에 따른 휴가를 이미 사용한 경우에는 그 사용한 휴가 일수를 15일에서 뺀다.
④ 사용자는 3년 이상 계속하여 근로한 근로자에게는 제1항에 따른 휴가에 최초 1년을 초과하는 계속 근로 연수 매 2년에 대하여 1일을 가산한 유급휴가를 주어야 한다. 이 경우 가산휴가를 포함한 총 휴가 일수는 25일을 한도로 한다.
⑤ 사용자는 제1항부터 제4항까지의 규정에 따른 휴가를 근로자가 청구한 시기에 주어야 하고, 그 기간에 대하여는 취업규칙 등에서 정하는 통상임금 또는 평균임금을 지급하여야 한다. 다만, 근로자가 청구한 시기에 휴가를 주는 것이 사업 운영에 막대한 지장이 있는 경우에는 그 시기를 변경할 수 있다.
⑥ 제1항부터 제3항까지의 규정을 적용하는 경우 다음 각 호의 어느 하나에 해당하는 기간은 출근한 것으로 본다.
  1. 근로자가 업무상의 부상 또는 질병으로 휴업한 기간
  2. 임신 중의 여성이 제74조제1항부터 제3항까지의 규정에 따른 휴가로 휴업한 기간
⑦ 제1항부터 제4항까지의 규정에 따른 휴가는 1년간 행사하지 아니하면 소멸된다. 다만, 사용자의 귀책사유로 사용하지 못한 경우에는 그러하지 아니하다.

직원	근속년수	월 급여(만 원)	연차사용일수
김 부장	23년	500	19일
정 차장	14년	420	7일
곽 과장	7년	350	14일
남 대리	3년	300	5일
임 사원	2년	270	3일

① 김 부장, 임 사원
② 정 차장, 곽 과장
③ 곽 과장, 남 대리
④ 김 부장, 남 대리
⑤ 정 차장, 남 대리

14. 다음에 제시된 명제들이 모두 참일 경우, 이 조건들에 따라 내릴 수 있는 결론으로 적절한 것은?

a. 인사팀을 좋아하지 않는 사람은 생산팀을 좋아한다.
b. 기술팀을 좋아하지 않는 사람은 홍보팀을 좋아하지 않는다.
c. 인사팀을 좋아하는 사람은 비서실을 좋아하지 않는다.
d. 비서실을 좋아하지 않는 사람은 홍보팀을 좋아한다.

① 홍보팀을 싫어하는 사람은 인사팀을 좋아한다.
② 비서실을 싫어하는 사람은 생산팀도 싫어한다.
③ 기술팀을 싫어하는 사람은 생산팀도 싫어한다.
④ 생산팀을 좋아하는 사람은 기술팀을 싫어한다.
⑤ 생산팀을 좋아하지 않는 사람은 기술팀을 좋아한다.

15. A, B, C, D, E 다섯 명의 기사가 점심 식사 후 철로 보수 작업을 하러 가야 한다. 다음의 조건을 모두 만족할 경우, 항상 거짓인 것은?

• B는 C보다 먼저 작업을 하러 나갔다.
• A와 B 두 사람이 동시에 가장 먼저 작업을 하러 나갔다.
• E보다 늦게 작업을 하러 나간 사람이 있다.
• D와 동시에 작업을 하러 나간 사람은 없었다.

① E는 D보다 먼저 작업을 하러 나가게 되었다.
② C와 D 중, C가 먼저 작업을 하러 나가게 되었다.
③ B가 D보다 늦게 작업을 하러 나가게 되는 경우는 없다.
④ A는 C나 D보다 먼저 작업을 하러 나가게 되었다.
⑤ E가 C보다 먼저 작업을 하러 나가게 되는 경우는 없다.

16. M사의 총무팀에서는 A 부장, B 차장, C 과장, D 대리, E 대리, F 사원이 각각 매 주말마다 한 명씩 사회봉사활동에 참여하기로 하였다. 이들이 다음에 따라 사회봉사활동에 참여할 경우, 두 번째 주말에 참여할 수 있는 사람으로 짝지어진 것은?

1. B 차장은 A 부장보다 먼저 봉사활동에 참여한다.
2. C 과장은 D 대리보다 먼저 봉사활동에 참여한다.
3. B 차장은 첫 번째 주 또는 세 번째 주에 봉사활동에 참여한다.
4. E 대리는 C 과장보다 먼저 봉사활동에 참여하며, E 대리와 C 과장이 참여하는 주말 사이에는 두 번의 주말이 있다.

① A 부장, B 차장
② D 대리, E 대리
③ E 대리, F 사원
④ B 차장, C 과장, D 대리
⑤ E 대리

17. 다음의 내용은 놀이시설 서비스 기업에서 서비스 향상을 통한 고객만족이라는 결과를 도출해내기 위해 5개 서비스 팀의 팀장들이 모여 모니터링을 하며 분석하고 있다. 이 중 해당 사례에서 다루고 있는 고객에 대한 내용을 정확하게 분석하고 있는 팀장은 누구인가?

〈사례〉

놀이시설을 이용함에 있어 아이들의 신장제한에 대해 단체로 부모와 동반해서 방문하는 아이들이 다른 친구들은 다 놀이시설 이용을 하는데, 내 자녀의 경우에만 키가 작은 관계로 놀이시설을 활용하지 못하게 될 시에 이런 아이들의 신장제한 및 이용권 등에 대한 환불을 요청하게 되는 경우가 많다. 특히 자신의 자녀가 신장이 미달되어 즐겁게 놀이시설을 이용하지 못하게 되는 경우에 해당 부모와 자녀는 깊은 상실감에 빠지며 자녀의 경우에는 스스로의 작은 신장에 대해 억울해하며 다른 자녀들이 즐겁게 즐기는 놀이시설을 내 자녀만 이용하지 못한다는 생각에 그에 대한 화풀이로서 사소한 이유를 갖다 붙이면서 컴플레인을 제기한다. 그런 경우 일선의 직원들은 해당 부모의 마음을 이해하고 이에 대한 공감을 나타내며 상실감에 빠진 부모 및 아이들의 기분을 풀어주고 조언을 한다. 이러한 경우의 고객은 고객 자신의 말을 끝까지 경청하게 되면 어느 정도의 화를 누르게 되며 이성적으로 돌아와서 오히려 해당 컴플레인은 빨리 종료할 수 있게 된다. 하지만 주의할 점은 고객의 말을 가로막거나 회사의 규정을 운운하게 되면 오히려 고객의 화를 부추기며 동시에 회사의 이미지도 실추할 우려가 생기게 되는 것이다.

① 유리 : 스스로가 주어진 상황에 대한 의사결정을 하지 못하고 누군가가 해결해 주기만을 바라며 주변만 빙빙 돌면서 요점을 명확하게 말하지 않는 고객이지
② 연철 : 이런 고객들은 대체로 상대에 대해 무조건적으로 비꼬거나 빈정거림으로 인해 허영심이 강하고 꼬투리만을 잡아 작은 문제에 집착하는 고객이지
③ 선아 : 상당히 사교적인 고객이며, 타인이 자신을 좋아해주기를 바라는 욕구가 마음 깊이 내재화된 고객이라 할 수 있어.
④ 지혜 : 이런 고객의 경우에 자신의 방법만이 최선이라 생각하고 타인의 피드백은 받아들이려 하지 않으며 오히려 자신의 주장만을 관철시키기 위해 거만하며 도발적인 상황을 만드는 고객이지
⑤ 원모 : 이것저것 무조건적으로 캐묻고 고개를 갸우뚱거리는 의심이 많은 고객으로 애써서 해당 고객에게 비위를 맞추어주지 않아도 되는 고객이라 할 수 있어

18. 다음의 2가지 상황을 보고 유추 가능한 내용으로 보기 가장 어려운 것을 고르면?

(상황1)
회계팀 신입사원인 현진이는 맞선임인 수정에게 회계의 기초를 교육 및 훈련받고 있는 상황이다. 이렇듯 현진이의 입장에서는 인내심 있고 성의 있는 선임을 만나는 것이 신입사원인 현진이에게는 중요한 포인트가 된다.
수정 : 여기다 넣어야지. 더하고 더해서 여기에 넣는 거지. 그래, 안 그래?

(상황2)
회사에서 선후배관계인 성수와 지현이는 내기바둑을 두고 있다. 선임인 성수와 후임인 지현이는 1시간째 승부를 가리지 못하는 있었는데, 마침 바둑을 두다 중간중간 졸고 있는 후임인 지현이에게 성수가 말을 하는 상황이다.
성수 : 게으름, 나태, 권태, 짜증, 우울, 분노 모두 체력이 버티지 못해 정신이 몸의 지배를 받아 나타나는 증상이야
지현 : …
성수 : 네가 후반에 종종 무너지는 이유, 데미지를 입은 후 회복이 더딘 이유, 실수한 후 복구기가 더딘 이유는 모두 체력의 한계 때문이야
지현 : …
성수 : 체력이 약하면 빨리 편안함을 찾기 마련이고, 그러다 보면 인내심이 떨어지고 그 피로감을 견디지 못하게 되면 승부 따위는 상관없는 지경에 이르지
지현 : 아, 그렇군요
성수 : 이기고 싶다면 충분한 고민을 버텨줄 몸을 먼저 만들어. 네가 이루고 싶은 게 있거든 체력을 먼저 길러라
지현 : 네 선배님 감사합니다.

① 부하직원의 능력을 향상시키는 것을 책임지는 교육이어야 한다는 생각으로부터 출발한 방식이다.
② 작업현장에서 상사가 부하 직원에게 업무 상 필요로 하는 능력 등을 중점적으로 지도 및 육성한다.
③ 조직의 필요에 합치되는 교육이 가능하다.
④ 직무 중에 이루어지는 교육훈련을 말하는 것으로 구성원들은 구체적 업무목표의 달성이 가능하다.
⑤ 지도자 및 교육자 사이의 친밀감을 형성하기에 용이하지 않다.

19. 다음 두 사례를 읽고 하나가 가지고 있는 임파워먼트의 장애요인으로 옳은 것은?

〈사례1〉
○○그룹에 다니는 민대리는 이번에 새로 입사한 신입직원 하나에게 최근 3년 동안의 매출 실적을 정리해서 올려달라고 부탁하였다. 더불어 기존 거래처에 대한 DB를 새로 업데이트하고 회계팀으로부터 전달받은 통계자료를 토대로 새로운 마케팅 보고서를 작성하라고 지시하였다. 하지만 하나는 일에 대한 열의는 전혀 없이 그저 맹목적으로 지시받은 업무만 수행하였다. 민대리는 그녀가 왜 업무에 열의를 보이지 않는지, 새로운 마케팅 사업에 대한 아이디어를 내놓지 못하는지 의아해 했다.

〈사례2〉
□□기업에 다니는 박대리는 이번에 새로 입사한 신입직원 희진에게 최근 3년 동안의 매출 실적을 정리해서 올려달라고 부탁하였다. 더불어 기존 거래처에 대한 DB를 새로 업데이트하고 회계팀으로부터 전달받은 통계자료를 토대로 새로운 마케팅 보고서를 작성하라고 지시하였다. 희진은 지시받은 업무를 확실하게 수행했지만 일에 대한 열의는 전혀 없었다. 이에 박대리는 그녀와 함께 실적자료와 통계자료들을 살피며 앞으로의 판매 향상에 도움이 될 만한 새로운 아이디어를 생각하여 마케팅 계획을 세우도록 조언하였다. 그제야 희진은 자신에게 주어진 프로젝트에 대해 막중한 책임감을 느끼고 자신의 판단에 따라 효과적인 해결책을 만들었다.

① 책임감 부족
② 갈등처리 능력 부족
③ 경험 부족
④ 제한된 정책과 절차
⑤ 집중력 부족

20. 고객서비스 팀의 과장인 A는 아침부터 제품에 대한 문의를 해오는 여러 유형의 고객들에게 전화로 설명하고 있다. 하지만 모든 고객이 동일하지는 않다는 것을 전화업무를 통해 항상 느끼는 A는 그 동안의 전화업무를 통해 고객의 유형 및 이에 대한 특징을 구체화시키게 되었다. 다음 중 A가 파악한 고객의 유형 및 그 특징의 연결로 가장 바르지 않은 것을 고르면?

① 전문가형 고객 – 자신을 과시하는 스타일의 고객으로 자신이 모든 것을 다 알고 있는 전문가처럼 행동하는 경향이 짙다.

② 호의적인 고객 – 사교적, 협조적이고 합리적이면서 진지한 반면에 자신이 하고 싶지 않거나 할 수 없는 일에도 약속을 해서 상대방을 실망시키는 경우도 있다.

③ 저돌적인 고객 – 상황을 처리하는데 있어 단지 자신이 생각한 한 가지 방법 밖에 없다고 믿도록 타인으로부터의 피드백을 받아들이려 하지 않는 경향이 강하다.

④ 우유부단한 고객 – 타인이 자신을 위해 의사결정을 내려주기를 기다리는 경향이 있다.

⑤ 빈정거리는 고객 – 자아가 강하면서 끈질긴 성격을 가진 사람이다.

21. 다음 대인매력 요인의 연결이 바르지 않은 항목을 고르면?

① 매력성 – 매력적인 사람들을 더 좋아하는 경향이 있는 것

② 상호성 – 사람들은 자신을 좋아하는 사람에게 호감을 가지게 되고 서로 호의적인 감정이 이루어지는 것

③ 근접성 – 지리적 또는 공간적으로 가까운 사람에게 매력을 느끼는 것을 말하는 것

④ 친숙성 – 자주 접할수록 좋아지게 되는 경향이 있는 것

⑤ 상보성 – 자기 자신을 좋아하는 사람에게 호혜적으로 매력을 느끼는 경향이 있는 것

22. 대인관계능력을 구성하는 하위능력 중 현재 동신과 명섭의 팀에게 가장 필요한 능력은 무엇인가?

올해 E그룹에 입사하여 같은 팀에서 근무하게 된 동신과 명섭은 다른 팀에 있는 입사동기들과 외딴 섬으로 신입사원 워크숍을 가게 되었다. 그 곳에서 각 팀별로 1박 2일 동안 스스로 의·식·주를 해결하며 주어진 과제를 수행하는 임무가 주어졌는데 동신은 부지런히 섬 이 곳 저 곳을 다니며 먹을 것을 구해오고 숙박할 장소를 마련하는 등 솔선수범 하였지만 명섭은 단지 섬을 돌아다니며 경치 구경만 하고 사진 찍기에 여념이 없었다. 그리고 과제수행에 있어서도 동신은 적극적으로 임한 반면 명섭은 소극적인 자세를 취해 그 결과 동신과 명섭의 팀만 과제를 수행하지 못했고 결국 인사상의 불이익을 당하게 되었다.

① 리더십능력   ② 팀워크능력

③ 협상능력   ④ 고객서비스능력

⑤ 소통능력

23. 다음 대화를 보고 이 과장의 말이 협상의 5단계 중 어느 단계에 해당하는지 고르면?

김 실장 : 이 과장, 출장 다녀오느라 고생했네.

이 과장 : 아닙니다. KTX 덕분에 금방 다녀왔습니다.

김 실장 : 그래, 다행이군. 오늘 협상은 잘 진행되었나?

이 과장 : 그게 말입니다. 실장님. 오늘 협상을 진행하다가 새로운 사실을 알게 되었습니다. 민원인측이 지금껏 주장했던 고가차도 건립계획 철회는 표면적 요구사항이었던 것 같습니다. 오늘 장시간 상대방 측 대표들과 이야기를 나누면서 고가차고 건립자체보다 그로 인한 초등학교 예정부지의 이전, 공사 및 도로 소음 발생, 그리고 녹지 감소가 실질적 불만이라는 걸 알게 되었습니다. 고가차도 건립을 계획대로 추진하면서 초등학교의 건립 예정지를 현행 유지하고, 3중 방음시설 설치, 아파트 주변 녹지 조성 계획을 제시하면 충분히 협상을 진척시킬 수 있을 것 같습니다.

① 협상시작단계   ② 상호이해단계

③ 실질이해단계   ④ 해결대안단계

⑤ 합의문서단계

24. 다음은 고객 불만 처리 프로세스이다. 빈칸에 들어갈 내용을 순서대로 나열한 것은?

경청 → 감사와 공감표시 → ( ) → 해결약속 → ( ) → 신속처리 → 처리확인과 사과 → ( )

① 정보파악, 사과, 피드백

② 정보파악, 피드백, 사과

③ 사과, 정보파악, 피드백

④ 사과, 피드백, 정보파악

⑤ 사과, 조사, 계획

▍25-27▍ 다음에 나열된 숫자의 규칙을 찾아 빈칸에 들어가기 적절한 수를 고르시오.

25.

$\frac{1}{2}$	$\frac{1}{3}$	$\frac{2}{6}$	$\frac{3}{18}$	( )	$\frac{8}{1944}$	$\frac{13}{209952}$

① $\frac{8}{83}$

② $\frac{6}{91}$

③ $\frac{5}{108}$

④ $\frac{4}{117}$

⑤ $\frac{9}{251}$

26.

93	96	102	104	108	( )

① 114

② 116

③ 118

④ 120

⑤ 122

27.

27 43 106	12 35 74	51 91 34
60 81 24	22 12 ( )	

① 34

② 38

③ 43

④ 48

⑤ 53

28. 지난 주 S사의 신입사원 채용이 완료되었다. 신입사원 120명이 새롭게 채용되었고, 지원자의 남녀 성비는 5:4, 합격자의 남녀 성비는 7:5, 불합격자의 남녀 성비는 1:1이었다. 신입사원 채용 지원자의 총 수는 몇 명인가?

① 175명

② 180명

③ 185명

④ 190명

⑤ 195명

29. 다음 자료를 통해 알 수 있는 사항을 올바르게 설명하지 못한 것은 어느 것인가?

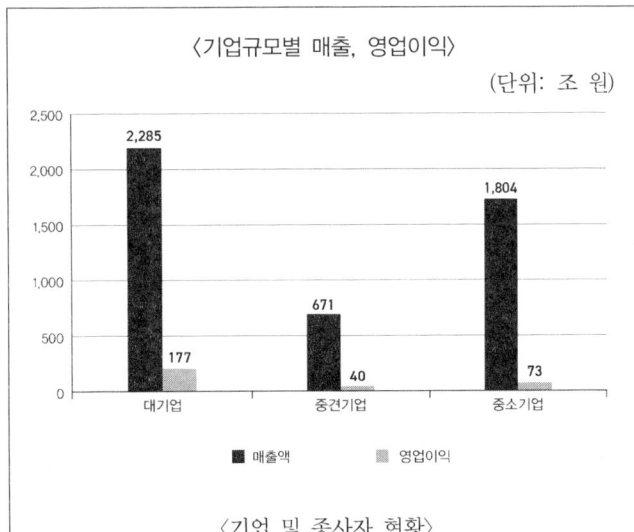

〈기업규모별 매출, 영업이익〉

(단위: 조 원)

〈기업 및 종사자 현황〉

(단위: 개, 만 명)

	대기업	중견기업	중소기업
기업 수	2,191(0.3%)	3,969(0.6%)	660,003(99.1%)
종사자 수	204.7(20.4%)	125.2(12.5%)	675.3(67.1%)

① 1개 기업당 매출액과 영업이익 실적은 대기업에 속한 기업이 가장 우수하다.

② 기업군 전체의 매출액 대비 영업이익은 대기업, 중견기업, 중소기업 순으로 높다.

③ 1개 기업 당 종사자 수는 대기업이 중견기업의 3배에 육박한다.

④ 전체 기업 수의 약 1%에 해당하는 기업이 전체 영업이익의 70% 이상을 차지한다고 할 수 있다.

⑤ 전체 기업 수의 약 99%에 해당하는 기업이 전체 매출액의 40% 이상을 차지한다고 할 수 있다.

30. 표준 업무시간이 80시간인 업무를 각 부서에 할당해 본 결과, 다음과 같은 표를 얻었다. 어느 부서의 업무효율이 가장 높은가?

부서명	투입인원(명)	개인별 업무시간(시간)	회의	
			횟수(회)	소요시간 (시간/회)
A	2	41	3	1
B	3	30	2	2
C	4	22	1	4
D	3	27	2	1

※ 1) 업무효율 = $\dfrac{표준\ 업무시간}{총\ 투입시간}$

　2) 총 투입시간은 개인별 투입시간의 합임.

　　개인별 투입시간 = 개인별 업무시간 + 회의 소요시간

　3) 부서원은 업무를 분담하여 동시에 수행할 수 있음.

　4) 투입된 인원의 업무능력과 인원당 소요시간이 동일하다고 가정함.

① A　　　　　　　　② B

③ C　　　　　　　　④ D

⑤ 모두 같음

|31~32| 다음 표는 법령에 근거한 신고자 보상금 지급기준과 신고자별 보상대상가액 사례이다. 물음에 답하시오.

〈표 1〉 신고자 보상금 지급기준

보상대상가액	지급기준
1억 원 이하	보상대상가액의 10 %
1억 원 초과 5억 원 이하	1천만 원 + 1억 원 초과금액의 7 %
5억 원 초과 20억 원 이하	3천8백만 원 + 5억 원 초과금액의 5 %
20억 원 초과 40억 원 이하	1억1천3백만 원 + 20억 원 초과금액의 3 %
40억 원 초과	1억7천3백만 원 + 40억 원 초과금액의 2 %

※ 보상금 지급은 보상대상가액의 총액을 기준으로 함
※ 공직자가 자기 직무와 관련하여 신고한 경우에는 보상금의 100분의 50 범위 안에서 감액할 수 있음

〈표 2〉 신고자별 보상대상가액 사례

신고자	공직자 여부	보상대상가액
A	예	8억 원
B	예	21억 원
C	예	4억 원
D	아니요	6억 원
E	아니요	2억 원

31. 다음 설명 중 옳은 것을 모두 고르면?

㉠ A가 받을 수 있는 최대보상금액은 E가 받을 수 있는 최대보상금액의 3배 이상이다.
㉡ B가 받을 수 있는 최대보상금액과 최소보상금액의 차이는 6,000만 원 이상이다.
㉢ C가 받을 수 있는 보상금액이 5명의 신고자 가운데 가장 적을 수 있다.
㉣ B가 받을 수 있는 최대보상금액은 다른 4명의 신고자가 받을 수 있는 최소보상금액의 합계보다 적다.

① ㉠, ㉡   ② ㉠, ㉢
③ ㉠, ㉣   ④ ㉡, ㉢
⑤ ㉡, ㉣

32. 올해부터 공직자 감면액을 30%로 인하한다고 할 때 B의 최소보상금액은 기존과 비교하여 얼마나 증가하는가?

① 2,218만 원   ② 2,220만 원
③ 2,320만 원   ④ 2,325만 원
⑤ 2,400만 원

33. 엑셀 사용 시 발견할 수 있는 다음과 같은 오류 메시지 중 설명이 올바르지 않은 것은 어느 것인가?

① #DIV/0! - 수식에서 어떤 값을 0으로 나누었을 때 표시되는 오류 메시지
② #N/A - 함수나 수식에 사용할 수 없는 데이터를 사용했을 경우 발생하는 오류 메시지
③ #NULL! - 잘못된 인수나 피연산자를 사용했을 경우 발생하는 오류 메시지
④ #NUM! - 수식이나 함수에 잘못된 숫자 값이 포함되어 있을 경우 발생하는 오류 메시지
⑤ #REF! - 셀 참조가 유효하지 않을 경우 발생하는 오류 메시지

34. 다음 그림에서 A6 셀에 수식 '=$A$1+$A2'를 입력한 후 다시 A6 셀을 복사하여 C6와 C8에 각각 붙여넣기를 하였을 경우, (A)와 (B)에 나타나게 되는 숫자의 합은 얼마인가?

	A	B	C	D
1	7	2	8	
2	3	3	8	
3	1	5	7	
4	2	5	2	
5				
6			(A)	
7				
8			(B)	
9				

① 10
② 12
③ 14
④ 16
⑤ 19

35. 다음 설명에 해당하는 엑셀 기능은?

> 입력한 데이터 정보를 기반으로 하여 데이터를 미니 그래프 형태의 시각적 표시로 나타내 주는 기능

① 클립아트
② 스파크라인
③ 하이퍼링크
④ 워드아트
⑤ 필터

36. 다음 중 아래 시트에서 야근일수를 구하기 위해 [B9] 셀에 입력할 함수로 옳은 것은?

	A	B	C	D	E
1	4월 야근 현황				
2	날짜	도준영	전아롱	이진주	강석현
3	4월15일		V		V
4	4월16일	V		V	
5	4월17일	V	V	V	
6	4월18일		V	V	V
7	4월19일	V		V	
8	4월20일	V			
9	야근일수				
10					

① =COUNTBLANK(B3:B8)
② =COUNT(B3:B8)
③ =COUNTA(B3:B8)
④ =SUM(B3:B8)
⑤ =SUMIF(B3:B8)

37. 다음 중 아래 워크시트에서 참고표를 참고하여 55,000원에 해당하는 할인율을 [C6]셀에 구하고자 할 때의 적절한 함수식은?

	A	B	C	D	E	F
1		<참고표>				
2		금액	30,000	50,000	80,000	150,000
3		할인율	3%	7%	10%	15%
4						
5		금액	55,000			
6		할인율	7%			
7						

① =LOOKUP(C5,C2:F2,C3:F3)
② =HLOOKUP(C5,B2:F3,1)
③ =VLOOKUP(C5,C2:F3,1)
④ =VLOOKUP(C5,B2:F3,2)
⑤ =LOOKUP(C5,C2:F3,2)

38. 다음의 알고리즘에서 인쇄되는 A는?

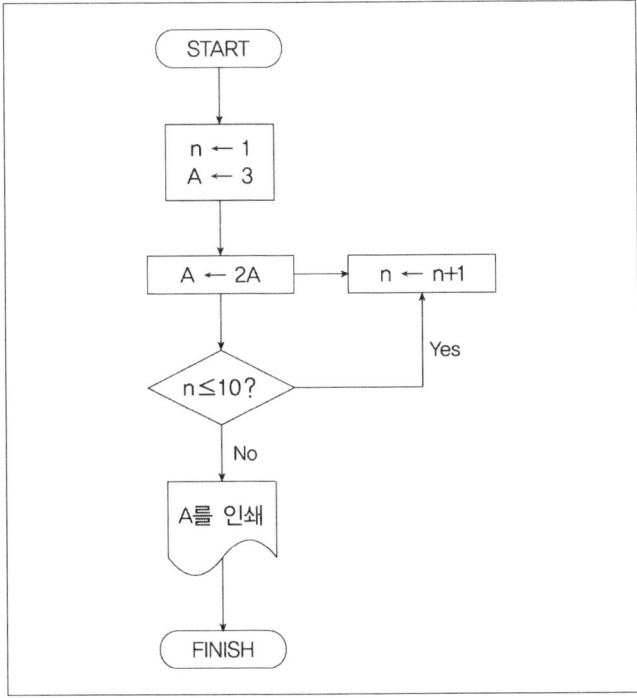

① $2^8 \cdot 3$

② $2^9 \cdot 3$

③ $2^{10} \cdot 3$

④ $2^{11} \cdot 3$

⑤ $2^{12} \cdot 3$

39. 다음 워크시트에서 [A2] 셀 값을 소수점 첫째자리에서 반올림하여 [B2] 셀에 나타내도록 하고자 한다. [B2] 셀에 알맞은 함수식은?

	A	B
1	숫자	반올림한 값
2	987.9	
3	247.6	
4	864.4	
5	69.3	
6	149.5	
7	75.9	

① ROUND(A2, −1)

② ROUND(A2, 0)

③ ROUNDDOWN(A2, 0)

④ ROUNDUP(A2, −1)

⑤ ROUND(A3, 0)

40. 다음 워크시트는 학생들의 수리영역 성적을 토대로 순위를 매긴 것이다. 다음 중 [C2] 셀의 수식으로 옳은 것은?

	A	B	C
1		수리영역	순위
2	이순자	80	3
3	이준영	95	2
4	정소이	50	7
5	금나라	65	6
6	윤민준	70	5
7	도성민	75	4
8	최지애	100	1

① ＝RANK(B2, $B$2:$B$8)

② ＝RANK(B2, $B$2:$B$8, 1)

③ ＝RANK(C2, $B$2:$B$8)

④ ＝RANK(C2, $B$2:$B$8, 0)

⑤ ＝RANK(C2, $B$2:$B$8, 1)

〉〉 건축일반(40문항)

41. 철골부재의 용접 시 이음 및 접합부위의 용접선의 교차로 재 용접된 부위가 열영향을 받아 취약해짐을 방지하기 위하여 모재에 부채꼴 모양으로 모따기를 한 것은?

① 블로우 홀(Blow Hole)

② 언더컷(Under Cut)

③ 엔드탭(End Tap)

④ 크레이터(Crater)

⑤ 스캘럽(Scallop)

42. 계측관리 항목 및 기기에 관한 설명으로 바르지 않은 것은?

① 흙막이 벽의 횡력은 변형계를 이용한다.

② 주변건물의 경사는 건물경사계(inclinometer)를 이용한다.

③ 지하수의 간극수압은 지하수위계(water level meter)를 이용한다.

④ 버팀보, 앵커 등을 축하중 변화 상태의 측정은 하중계를 이용한다.

⑤ 인접구조물의 기울기 측정은 트랜싯을 이용한다.

43. 달성가치(Earned Value)를 기준으로 원가관리를 시행할 때 실제투입원가와 계획된 일정에 근거한 진행성과의 차이를 의미하는 용어는?

① CV(Cost Variance)

② SV(Schedule Variance)

③ CPI(Cost Performance Index)

④ SPI(Schedule Performance Index)

⑤ EAC(Estimate at Complete)

44. 수경성 마무리재료로 가장 적합하지 않은 것은?

① 돌로마이트 플라스터

② 혼합 석고 플라스터

③ 시멘트 모르타르

④ 경석고 플라스터

⑤ 순석고 플라스터

45. 백화현상에 관한 설명으로 바르지 않은 것은?

① 시멘트는 수산화칼슘의 주성분인 생석회(CaO)의 다량공급원으로서 백화의 주요원이다.

② 백화현상은 미장표면 분 아니라 벽돌벽체, 타일 및 착색 시멘트 제품 등의 표면에도 발생한다.

③ 겨울철보다 여름철의 높은 온도에서 백화발생빈도가 높다.

④ 배합수 중에 용해되는 가용성분이 시멘트 경화체의 표면 건조 후 나타나는 현상이다.

⑤ 백화현상에 의해 탄산칼슘과 이산화탄소가 생성된다.

46. 온열환경에 대한 인체의 쾌적성을 평가하는 PMV(예상온열감)를 산출하는 데 필요한 요소가 아닌 것은?

① 일사량　　　　　　② 착의량

③ 수증기분압　　　　④ 평균복사온도

⑤ 대사량

47. 하중저항계수설계법에 따른 강구조 연결 설계기준을 근거로 할 때 고장력 볼트의 직경이 M24라면 표준구멍의 직경으로 바른 것은?

① 26mm
② 27mm
③ 28mm
④ 30mm
⑤ 32mm

48. 내진설계에 있어서 밑면전단력 산정인자가 아닌 것은?

① 건물의 중요도 계수
② 반응수정계수
③ 진도계수
④ 유효건물중량
⑤ 건축물의 고유주기

49. 철골구조 주각부의 구성요소가 아닌 것은?

① 커버 플레이트
② 앵커볼트
③ 베이스 모르타르
④ 베이스 플레이트
⑤ 클립앵글

50. 철근콘크리트구조물의 내구성 설계에 관한 설명으로 바르지 않은 것은?

① 설계기준 강도가 35MPa를 초과하는 콘크리트는 동해저항 콘크리트에 대한 전체 공기량 기준에서 1%를 감소시킬 수 있다.
② 동해저항 콘크리트에 대한 전체 공기량 기준에서 굵은 골재의 최대치수가 25[mm]인 경우 심한노출에서의 공기량 기준은 6.0%이다.
③ 바닷물에 노출된 콘크리트의 철근부식방지를 위한 보통골재콘크리트의 최대 물결합재비는 40%이다.
④ 철근의 부식방지를 위해 굳지 않은 콘크리트의 전체 염소이온량은 원칙적으로 $0.9kg/m^3$ 이하로 한다.
⑤ 부순모래(쇄사)는 모가 나 있어 콘크리트에 사용할 경우에는 혼화제를 사용하여 단위수량을 줄이는 조치가 필요하다.

51. 다음 트러스 구조물에서 부재력이 0이 되는 부재의 개수는?

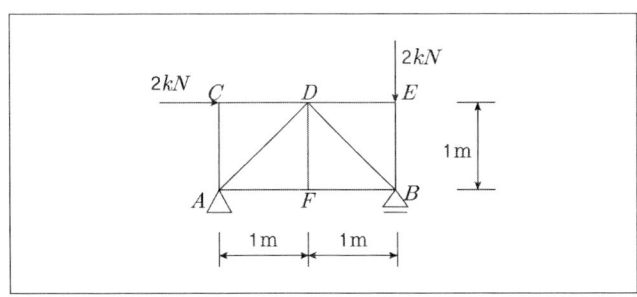

① 1개
② 2개
③ 3개
④ 4개
⑤ 0개

52. 다음 중 열가소성 수지에 해당하는 것은?

① 페놀수지

② 염화비닐수지

③ 요소수지

④ 멜라민수지

⑤ 에폭시수지

53. 다음과 같은 철근콘크리트조 건축물에서 외줄 비계면적으로 바른 것은? (단, 비계높이는 건축물의 높이로 한다.)

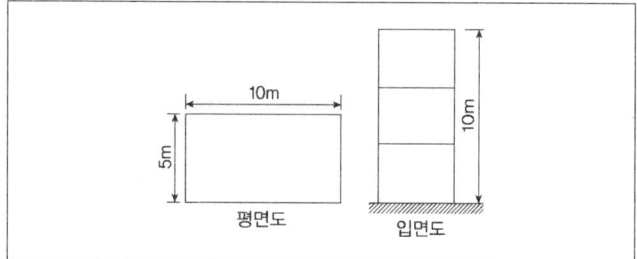

① 300m^2 ② 336m^2

③ 372m^2 ④ 400m^2

⑤ 425m^2

54. 다음 중 조적벽 치장줄눈의 종류로 바르지 않은 것은?

① 오목줄눈   ② 빗줄눈

③ 통줄눈   ④ 실줄눈

⑤ 민줄눈

55. 일반경쟁입찰의 업무순서에 따라 보기의 항목을 옳게 나열한 것은?

〈보기〉	
A. 입찰공고	B. 입찰등록
C. 견적	D. 참가등록
E. 입찰	F. 현장설명
G. 개찰 및 낙찰	H. 계약

① A → B → F → D → C → E → G → H

② A → D → F → C → B → E → G → H

③ A → B → C → F → D → G → E → H

④ A → D → C → F → E → G → B → H

⑤ A → C → D → B → G → F → E → H

56. 실의 크기 조절이 필요한 경우 칸막이 기능을 하기 위해 만든 병풍 모양의 문은?

① 여닫이문

② 자재문

③ 미서기문

④ 홀딩 도어

⑤ 미닫이문

57. 서로 다른 종류의 금속재가 접촉하는 경우 부식이 일어나는 경우가 있는데 부식성이 큰 금속 순으로 옳게 나열된 것은?

① 알루미늄 > 철 > 주석 > 구리

② 주석 > 철 > 알루미늄 > 구리

③ 철 > 주석 > 구리 > 알루미늄

④ 구리 > 철 > 알루미늄 > 주석

⑤ 주석 > 구리 > 철 > 알루미늄

58. 다음 중 도장공사 시 주의사항으로 바르지 않은 것은?

① 바탕의 건조가 불충분하거나 공기의 습도가 높을 때에는 시공하지 않는다.
② 불투명한 도장일 때에는 초벌부터 재벌까지 같은 색으로 시공해야 한다.
③ 야간에는 색을 잘못 도장할 염려가 있으므로 시공하지 않는다.
④ 직사광선은 가급적 피하고 도막이 손상될 우려가 있을 경우에는 도장하지 않는다.
⑤ 기온 5℃이하이거나 상대습도가 85%이상에서는 작업을 금지한다.

59. 건축공사에서 활용되는 견적방법 중 가장 상세한 공사비의 산출이 가능한 견적법은?

① 명세견적
② 개산견적
③ 입찰견적
④ 실행견적
⑤ 설계견적

60. 다음 중 방수공사에 관한 설명으로 바른 것은?

① 보통 수압이 적고 얕은 지하실에는 바깥방수법, 수압이 크고 깊은 지하실에는 안방수법이 유리하다.
② 지하실에 안방수법을 채택하는 경우, 지하실 내부에 설치하는 칸막이벽, 창문틀 등은 방수층 시공 전 먼저 시공하는 것이 유리하다.
③ 바깥 방수법은 안방수법에 비해 하자보수가 곤란하다.
④ 바깥방수법은 보호누름이 필요하지만 안방수법은 없어도 무관하다.
⑤ 안방수는 본 공사에 선행하여 이루어져야 하지만 바깥방수는 공사시기가 자유롭다.

61. 다음 중 콘크리트 펌프 사용에 관한 설명으로 바르지 않은 것은?

① 콘크리트 펌프를 사용하여 시공하는 콘크리트는 소요의 워커빌리티를 가지며 시공시 및 경화 후에 소정의 품질을 갖는 것이어야 한다.
② 압송관의 지름 및 배관의 경로는 콘크리트의 종류 및 품질, 굵은 골재의 최대치수, 콘크리트 펌프의 기종, 압송 조건, 압송작업의 용이성, 안전성 등을 고려하여 정하여야 한다.
③ 콘크리트 펌프의 형식은 피스톤식이 적당하고 스퀴즈식은 적용이 불가하다.
④ 압송은 계획에 따라 연속적으로 실시하며, 되도록 중단되지 않도록 해야 한다.
⑤ 콘크리트가 장시간에 걸쳐 압송이 중단될 것이 예상되는 경우에는 펌프의 막힘을 방지하기 위해 시간간격을 조정하면서 운전을 실시한다.

62. 다음 중 콘크리트용 재료 중 시멘트에 관한 설명으로 바람직하지 않은 것은?

① 중용열 포틀랜드시멘트는 수화작용에 따르는 발열이 적기 때문에 매스콘크리트에 적당하다.
② 조강포틀랜드시멘트는 조기강도가 크기 때문에 한중콘크리트 공사에 주로 사용된다.
③ 알칼리 골재반응을 억제하기 위한 방법으로써 내황산염포틀랜드시멘트를 사용한다.
④ 조강포틀랜드시멘트를 사용한 콘크리트의 7일 강도는 보통포틀랜드시멘트를 사용한 콘크리트의 28일 강도와 거의 비슷하다.
⑤ 시멘트의 응결속도는 알루미나시멘트 > 조강포틀랜드시멘트 > 보통포틀랜드시멘트 > 고로시멘트 > 중용열시멘트 순이다.

63. 콘크리트 배합 시 시공연도와 가장 거리가 먼 것은?

① 시멘트 강도　　　② 골재의 입도
③ 혼화제　　　　　④ 혼합시간
⑤ 단위수량

64. 콘크리트에 사용되는 혼화재 중 플라이애시의 사용에 따른 이점으로 볼 수 없는 것은?

① 유동성의 개선
② 초기강도의 증진
③ 수화열의 감소
④ 수밀성의 향상
⑤ 단위수량 감소

65. 고강도 콘크리트공사에 사용되는 굵은 골재에 대한 품질기준으로 바르지 않은 것은? (단, 건축공사 표준시방서 기준)

① 절대건조밀도 : 2.5g/cm^3 이상
② 흡수율 : 3.0% 이하
③ 점토량 : 0.25% 이하
④ 씻기시험에 의한 손실량 : 1.0% 이하
⑤ 실적률 : 59% 이상

66. 다음 중 화성암에 속하지 않는 것은?

① 화강암　　　　　② 섬록암
③ 안산암　　　　　④ 점판암
⑤ 반려암

67. 다음 중 평면도에서 표현되지 않는 것은?

① 계단의 폭　　　　② 반자의 높이
③ 창문의 위치　　　④ 각 실의 벽체의 길이
⑤ 벽체의 두께

68. 모듈에 의한 치수계획에 대한 설명으로 가장 옳은 것은?

① 프랭크 로이드 라이트(Frank Lloyd Wright)의 모듈러는 인체의 치수를 기본으로 해서 황금비를 적용하여 고안된 것이다.
② 현재 국제표준기구(ISO)에서 MC(Modular Coordination)에 의거하여 사용하고 있는 기본 모듈은 미터법 사용 국가에서는 10mm로 의견이 일치하고 있다.
③ MC(Modular Coordination)의 이점으로는 설계 작업이 단순 간편하고, 구성재의 대량생산이 용이해지며, 현장 작업에서 시공의 균질성을 확보할 수 있다는 점 등이 있다.
④ MC(Modular Coordination)는 합리적인 건축공간 구성 시 여러 치수들을 계열화, 규격화하여 조정해서 사용할 필요에 의해 고려되는 것으로 건축공간의 형태에 창조성을 높이는 데 크게 기여한다.
⑤ 설계에는 적용할 수 있으나 시공에는 적용할 수 없다.

69. 다음 중 도면을 묶을 때 묶는 부분에 두어야 하는 여백의 최소 치수는? (단, 제도지가 A3인 경우이다.)

① 10mm　　　　　② 15mm
③ 20mm　　　　　④ 25mm
⑤ 30mm

70. 다음 그림과 같은 재료 구조 표시 기호(단면용)의 표시 사항으로 옳은 것은?

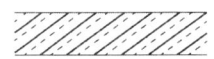

① 석재
② 벽돌
③ 모조석
④ 콘크리트
⑤ 샌드위치패널

71. 다음 중 도장공사를 위한 목부 바탕만들기 순서로 바른 것은? (문제에 오류가 있어 수정했습니다.)

① 오염물제거 → 투명도장 → 연마 → 옹이땜 → 구멍땜 → 송진처리

② 오염물제거 → 옹이땜 → 송진처리 → 연마 → 구멍땜 → 투명도장

③ 오염물제거 → 구멍땜 → 투명도장 → 송진처리 → 연마 → 옹이땜

④ 오염물제거 → 송진처리 → 옹이땜 → 연마 → 구멍땜 → 투명도장

⑤ 오염물제거 → 송진처리 → 연마 → 옹이땜 → 구멍땜 → 투명도장

72. 다음 중 무기질의 단열재료가 아닌 것은?

① 셀룰로오스 섬유판
② 세라믹 섬유
③ 펄라이트 판
④ ALC 패널
⑤ 글라스 울

73. 철골재의 수량산출에서 사용되는 재료별 할증률로 옳지 않은 것은?

① 고장력볼트 : 5%
② 강판 : 10%
③ 봉강 : 5%
④ 강관 : 5%
⑤ 대형형강 : 7%

74. 고층건축물 공사의 반복작업에서 각 작업조의 생산성을 기울기로 하는 직선으로 각 반복작업의 진행을 표시하여 전체공사를 도식화하는 기법은?

① CPM
② PERT
③ PDM
④ LOB
⑤ TACT

75. 비철금속에 관한 설명으로 바르지 않은 것은?

① 동에 아연을 합금시킨 일반적인 황동은 아연함유량이 40% 이하이다.
② 구조용 알루미늄 합금은 4~5%의 동을 함유하므로 내식성이 좋다.
③ 주로 합금재료로 쓰이는 주석은 유기산에는 거의 침해되지 않는다.
④ 아연은 침강의 방식용에 피복재로서 사용할 수 있다.
⑤ 청동은 구리와 주석의 합금으로서 내식성과 가공성이 우수하다.

76. 건축 모듈계획에 관한 설명 중 옳지 않은 것은?

① 국내에서는 일반적으로 10cm를 최소기준 모듈로 사용한다.

② 국내에서는 현재 모든 공동주택에 원칙적으로 중심선치수를 사용하도록 주택건설기준 등에 관한 규칙에서 규정하고 있다.

③ 인치나 피트법을 사용하는 나라는 MC에 의거하여 기본모듈 4인치를 일반적으로 사용한다.

④ 르 꼬르뷔지에(Le Corbusier)는 인체척도를 기준으로 하는 르 모듈러(Le Modular)를 설계에 적용하였다.

⑤ 국내에서는 거실 및 침실의 평면 각변의 길이는 5센티미터를 단위로 한 것을 기준척도로 한다.

77. 래드번(Radburn) 계획의 기본원리로 바르지 않은 것은?

① 기능에 따른 4가지 종류의 도로구분

② 보도망 형성 및 보도와 차도의 평면적 분리

③ 자동차 통과도로 배제를 위한 슈퍼블록 구성

④ 주택단지 어디로나 통할 수 있는 공동 오픈스페이스 조성

⑤ Cul-de-sac형의 세가로망 구성

78. 테라스하우스에 관한 설명으로 바르지 않은 것은?

① 각 호마다 전용의 뜰(정원)을 갖는다.

② 각 세대의 깊이는 7.5m이상으로 해야 한다.

③ 진입방식에 따라 하향식과 상향식으로 나눌 수 있다.

④ 시각적인 인공테라스형은 위층으로 갈수록 건물의 내부면적이 작아지는 형태이다.

⑤ 경사지에서는 스플릿 레벨(split level) 구성이 가능하다.

79. 건축제도 통칙(KS F 1501)에 정의된 축척의 종류에 속하지 않는 것은?

① $\dfrac{1}{20}$ ② $\dfrac{1}{25}$

③ $\dfrac{1}{40}$ ④ $\dfrac{1}{60}$

⑤ $\dfrac{1}{100}$

80. 건축 도면에 사용되는 표시 기호와 표시사항의 연결이 옳지 않은 것은?

① L-길이   ② A-용적

③ H-높이   ④ R-반지름

⑤ THK-두께

대구교통공사 필기시험 모의고사

절 취 선

직업기초능력평가

번호	①	②	③	④	⑤	번호	①	②	③	④	⑤
1	①	②	③	④	⑤	21	①	②	③	④	⑤
2	①	②	③	④	⑤	22	①	②	③	④	⑤
3	①	②	③	④	⑤	23	①	②	③	④	⑤
4	①	②	③	④	⑤	24	①	②	③	④	⑤
5	①	②	③	④	⑤	25	①	②	③	④	⑤
6	①	②	③	④	⑤	26	①	②	③	④	⑤
7	①	②	③	④	⑤	27	①	②	③	④	⑤
8	①	②	③	④	⑤	28	①	②	③	④	⑤
9	①	②	③	④	⑤	29	①	②	③	④	⑤
10	①	②	③	④	⑤	30	①	②	③	④	⑤
11	①	②	③	④	⑤	31	①	②	③	④	⑤
12	①	②	③	④	⑤	32	①	②	③	④	⑤
13	①	②	③	④	⑤	33	①	②	③	④	⑤
14	①	②	③	④	⑤	34	①	②	③	④	⑤
15	①	②	③	④	⑤	35	①	②	③	④	⑤
16	①	②	③	④	⑤	36	①	②	③	④	⑤
17	①	②	③	④	⑤	37	①	②	③	④	⑤
18	①	②	③	④	⑤	38	①	②	③	④	⑤
19	①	②	③	④	⑤	39	①	②	③	④	⑤
20	①	②	③	④	⑤	40	①	②	③	④	⑤

건축일반

번호	①	②	③	④	⑤	번호	①	②	③	④	⑤
41	①	②	③	④	⑤	61	①	②	③	④	⑤
42	①	②	③	④	⑤	62	①	②	③	④	⑤
43	①	②	③	④	⑤	63	①	②	③	④	⑤
44	①	②	③	④	⑤	64	①	②	③	④	⑤
45	①	②	③	④	⑤	65	①	②	③	④	⑤
46	①	②	③	④	⑤	66	①	②	③	④	⑤
47	①	②	③	④	⑤	67	①	②	③	④	⑤
48	①	②	③	④	⑤	68	①	②	③	④	⑤
49	①	②	③	④	⑤	69	①	②	③	④	⑤
50	①	②	③	④	⑤	70	①	②	③	④	⑤
51	①	②	③	④	⑤	71	①	②	③	④	⑤
52	①	②	③	④	⑤	72	①	②	③	④	⑤
53	①	②	③	④	⑤	73	①	②	③	④	⑤
54	①	②	③	④	⑤	74	①	②	③	④	⑤
55	①	②	③	④	⑤	75	①	②	③	④	⑤
56	①	②	③	④	⑤	76	①	②	③	④	⑤
57	①	②	③	④	⑤	77	①	②	③	④	⑤
58	①	②	③	④	⑤	78	①	②	③	④	⑤
59	①	②	③	④	⑤	79	①	②	③	④	⑤
60	①	②	③	④	⑤	80	①	②	③	④	⑤

성명

수험번호

⓪	⓪	⓪	⓪	⓪	⓪	⓪	⓪
①	①	①	①	①	①	①	①
②	②	②	②	②	②	②	②
③	③	③	③	③	③	③	③
④	④	④	④	④	④	④	④
⑤	⑤	⑤	⑤	⑤	⑤	⑤	⑤
⑥	⑥	⑥	⑥	⑥	⑥	⑥	⑥
⑦	⑦	⑦	⑦	⑦	⑦	⑦	⑦
⑧	⑧	⑧	⑧	⑧	⑧	⑧	⑧
⑨	⑨	⑨	⑨	⑨	⑨	⑨	⑨

대구교통공사
필기시험 모의고사

- 정답 및 해설 -

>> 직업기초능력평가(40문항)

1 ③

③ '가엽다'는 '가엾다'와 함께 표준어로 쓰인다.
① 아지랑이 → 아지랑이
② 상판때기 → 상판대기
④ 가벼히 → 가벼이
⑤ 느즈감치 → 느지감치

2 ④

④ 혜림은 목 놓아 울었다. 그러므로 스트레스를 해소하였다. → 혜림은 목 놓아 울었다. 그럼으로(써) 스트레스를 해소하였다.

3 ②

'위로 끌어 올리다'의 뜻으로 사용될 때는 '추켜올리다'와 '추어올리다'를 함께 사용할 수 있지만 '실제보다 높여 칭찬하다'의 뜻으로 사용될 때는 '추어올리다'만 사용해야 한다.
① 쓰여지는 지 → 쓰이는지
③ 나룻터 → 나루터
④ 서슴치 → 서슴지
⑤ 또아리 → 똬리

4 ②

• 수립(樹立) : 국가나 정부, 제도, 계획 따위를 이룩하여 세움
• 적립(積立) : 모아서 쌓아 둠
• 확립(確立) : 체계나 견해, 조직 따위가 굳게 섬. 또는 그렇게 함

5 ②

첫 번째 문단에서는 아바이 마을에 대한 설명, 두 번째는 가자미인 자리고기에 대한 설명, 세 번째는 가자미를 이용해 만든 가자미식해에 대한 설명이다. 따라서 이 세 문단의 내용을 모두 담을 수 있는 제목으로는 ② 속초의 아바이 마을과 가자미식해가 적합하다.

6 ④

몇 개 국가의 남녀평등 문화와 근로정책에 대하여 간략하게 기술하고 있으며, 노르웨이와 일본의 경우에는 법률을 구체적으로 언급하고 있지 않다. 또한 단순한 근로정책 소개가 아닌, 남녀평등에 관한 내용을 일관되게 소개하고 있으므로 전체를 포함하는 논지는 '남녀평등과 그에 따른 근로정책'에 관한 것이라고 볼 수 있다.

7 ①

집단 사이의 관계에서 도덕적이며 윤리적인 조정이 불가능한 것은 아니다. (역접 : 그러나) 실제 집단사이에서는 윤리적인 조정이 불가능 하다. (순접 : 따라서) 집단 사이의 관계는 윤리적이기 보다 정치적이다. (부연 : 즉) 집단사이의 관계는 각 집단이 지닌 힘의 비율에 의해서 수립된다.

8 ④

④ 밑줄 친 부분의 문맥적 의미는 인간이 대상에 대해 지닐 수 있는 문제의식이나 의문을 뜻한다.

9 ①

㉠ 갑과 을 모두 경제 문제를 틀린 경우

갑과 을의 답이 갈리는 경우만 생각하면 되므로 2, 4, 6, 7번만 생각하면 된다.

2, 4, 6, 7번을 제외한 나머지 항목에 경제 문제가 있는 게 되므로 경제 문제는 20점이므로 갑은 나머지 문제를 틀리게 되면 80점을 받을 수 없다. 을은 2, 4, 6, 7번을 모두 맞췄다면 모두 10점짜리라고 하더라도 최대 점수는 60점이 되므로 갑과 을 모두 경제 문제를 틀린 경우는 있을 수 없다.

㉡ 갑만 경제 문제를 틀렸다면 나머지는 다 맞춰야 한다.

• 2, 4, 6, 7번 중 하나가 경제일 경우 갑은 정답이 되고 을은 3개가 틀리게 된다. 3개를 틀려서 70점을 받으려면 각 배점은 10점짜리이어야 하므로 예술 문제를 맞춘 게 된다.

• 2, 4, 6, 7번 중 하나가 경제가 아닌 경우 을은 4문제를 틀린 게 되므로 70점을 받을 수 없다.

그러므로 갑이 경제 문제를 틀렸다면 갑과 을은 모두 예술 문제를 맞춘 것이 된다.

㉢ 갑이 역사 문제 두 문제를 틀렸을 경우

• 2, 4, 6, 7번 문항에서 모두 틀린 경우 을은 2, 4, 6, 7번에서 2문제만 틀리고 나머지는 정답이 되므로 을은 두 문제를 틀리고 30점을 잃었으므로 경제 또는 예술에서 1문제, 역사에서 1문제를 틀린 게 된다.

• 2, 4, 6, 7번 문항에서 1문제만 틀린 경우 을은 역사 1문제를 틀리고, 2, 4, 6, 7번에서 3문제를 틀리게 된다. 그러면 70점이 안 되므로 불가능하다.

• 2, 4, 6, 7번 문항에서 틀린 게 없는 경우 을은 역사 2문제를 틀리고, 2, 4, 6, 7번에서도 틀리게 되므로 40점이 된다.

10 ③

평가 항목 음식점	음식 종류	이동 거리	1인분 가격	평점 (★ 5개 만점)	예약 가능 여부	총점
북경반점	2	4	5	1	1	13
샹젤리제	3	3	4	2	1	13
경복궁	4	5	2	3	0	14
아사이타워	5	1	3	4	0	13
광화문	4	2	1	5	0	12

11 ①

A와 B는 6동 식당에 가지 않았다고 하였으므로 6동 식당에 간 사람은 C다. B는 C가 갔던 식당이 있는 동(6동)에서 근무하므로 B의 사무실은 6동이다.

A는 남은 5동에 사무실이 있으며 식당과 사무실이 겹치지 않기 때문에 7동에 위치한 식당에 갔다. 따라서 B는 남은 5동에 있는 식당에 간 것을 알 수 있다.

	5동	6동	7동
사무실	A	B	C
식당	B	C	A

12 ③

각 제품의 점수를 환산하여 총점을 구하면 다음과 같다. 다른 기능은 고려하지 않는다 했으므로 제시된 세 개 항목에만 가중치를 부여하여 점수화한다.

구분	A	B	C	D
크기	153.2×76.1 ×7.6	154.4×76× 7.8	154.4×75.8 ×6.9	139.2×68.5 ×8.9
무게	171g	181g	165g	150g
RAM	4GB	3GB	4GB	3GB
저장 공간	64GB	64GB	32GB	32GB
카메라	16Mp	16Mp	8Mp	16Mp
배터리	3,000mAh	3,000mAh	3,000mAh	3,000mAh
가격	653,000원	616,000원	599,000원	549,000원
가중치 부여	$20×1.3+18 ×1.2+20×1.1 =69.6$	$20×1.3+16 ×1.2+20×1.1 =67.2$	$18×1.3+18 ×1.2+8×1.1 =53.8$	$18×1.3+20 ×1.2+20×1.1 =69.4$

따라서 가장 가중치 점수가 높은 것은 A제품이며, 가장 낮은 것은 C제품이므로 정답은 A제품과 C제품이 된다.

13 ④

무항공사의 경우 화물용 가방 2개의 총 무게가 20×2=40kg, 기내 반입용 가방 1개의 최대 허용 무게가 16kg이므로 총 56kg까지 허용되어 무항공사도 이용이 가능하다.

① 기내 반입용 가방의 개수를 2개까지 허용하는 항공사는 갑, 병항공사 밖에 없다.

② 155cm 2개는 화물용으로, 118cm 1개는 기내 반입용으로 운송 가능한 곳은 무항공사이다.

③ 을항공사는 총 허용무게가 23+23+12=58kg이며, 병항공사는 20+12+12=44kg이다.

⑤ 2개를 기내에 반입할 수 있는 항공사는 갑항공사와 병항공사이나 모두 12kg까지로 제한을 두고 있다.

14 ②

팀장별 순위에 대한 가중치는 모두 동일하다고 했으므로 1~4순위까지를 각각 4, 3, 2, 1점씩 부여하여 점수를 산정해 보면 다음과 같다.

갑 : 2+4+1+2=9

을 : 4+3+4+1=12

병 : 1+1+3+4=9

정 : 3+2+2+3=10

따라서 〈보기〉의 설명을 살펴보면 다음과 같다.

㉠ '을' 또는 '정' 중 한 명이 입사를 포기하면 '갑'과 '병'이 동점자이나 A팀장이 부여한 순위가 높은 '갑'이 채용되게 된다.

㉡ A팀장이 '을'과 '정'의 순위를 바꿨다면, 네 명의 순위에 따른 점수는 다음과 같아지므로 바꾸기 전과 동일하게 '을'과 '정'이 채용된다.

갑 : 2+4+1+2=9

을 : 3+3+4+1=11

병 : 1+1+3+4=9

정 : 4+2+2+3=11

㉢ 이 경우 네 명의 순위에 따른 점수는 다음과 같아지므로 '정'은 채용되지 못한다.

갑 : 2+1+1+2=6

을 : 4+3+4+1=12

병 : 1+4+3+4=12

정 : 3+2+2+3=10

15 ⑤

주어진 조건에 의해 가능한 날짜와 연회장을 알아보면 다음과 같다.

우선, 백 대리가 원하는 날은 월, 수, 금요일이며 오후 6시 ~ 8시까지 사용을 원한다. 또한 인원수로 보아 A, B, C 연회장만 가능하다. 기 예약된 현황과 연회장 측의 직원들 퇴근 시간과 시작 전후 필요한 1시간씩을 감안하여 예약이 가능한 연회장과 날짜를 표시하면 다음과 같다.

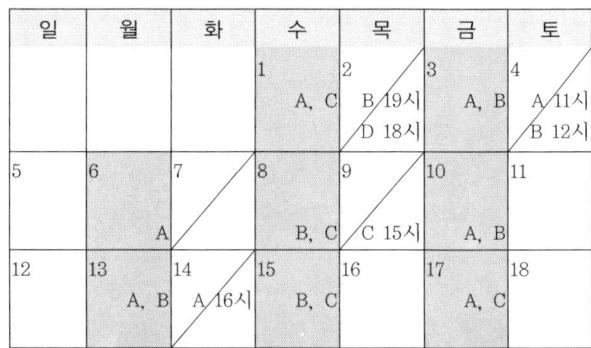

따라서 A, B 연회장은 원하는 날짜에 언제든 가능하지 않다.

① 가능한 연회장 중 가장 저렴한 C 연회장은 월요일에 사용이 불가능하다.

② 6일은 가장 비싼 A 연회장만 사용이 가능하다.

③ 인원이 200명을 넘지 않으면 가장 저렴한 C 연회장을 1, 8, 15, 17일에 사용할 수 있다.

④ 8일과 15일은 사용 가능한 잔여 연회장이 B, C 연회장으로 동일하다.

16 ①

주어진 평가 방법에 의해 각 팀별 총점을 산출해 보면 다음과 같다.

평가 항목 (가중치)	A팀	B팀	C팀	D팀
팀 성적 (0.3)	65	80	75	85
연간 경기 횟수 (0.2)	90	95	85	90
사회공헌활동 (0.3)	90	75	85	80
지역 인지도 (0.2)	95	85	95	85
총점	84.5+108 +117+114 =423.5점	104+114+ 97.5+102 =417.5점	97.5+102+ 110.5+114 =424점	110.5+108 +104+102 =424.5점

따라서 총점은 D-C-A-B 팀의 순서가 된다.

㉠㉢ 상위 2개 팀과 3개 팀에게만 주어지는 자격이므로 올바른 설명이다.

㉡㉣ 다음 표에서와 같이 총점이 달라지므로 (라)만 올바른 설명이 된다.

〈팀 성적과 연간 경기 횟수 가중치 상호 변경〉

평가 항목 (가중치)	A팀	B팀	C팀	D팀
팀 성적 (0.2)	65	80	75	85
연간 경기 횟수 (0.3)	90	95	85	90
사회공헌활동 (0.3)	90	75	85	80
지역 인지도 (0.2)	95	85	95	85
총점	78+117+11 7+114 =426점	96+123.5+ 97.5+102 =419점	90+110.5+11 0.5+114 =425점	102+117+10 4+102 =425점

→ 지원금이 삭감되는 4위는 B팀으로 바뀌지 않는다.

〈지역 인지도 내 점수가 모두 동일할 경우〉

평가 항목 (가중치)	A팀	B팀	C팀	D팀
팀 성적 (0.3)	65	80	75	85
연간 경기 횟수 (0.2)	90	95	85	90
사회공헌활동 (0.3)	90	75	85	80
총점	84.5+108 +117 =309.5점	104+114 +97.5 =315.5점	97.5+102 +110.5 =310점	110.5+108 +104 =322.5점

→ 네 개 팀의 총점은 D-B-C-A 순으로 D팀을 제외한 3개 팀의 순위가 바뀌게 된다.

17 ⑤

문제의 그림은 커뮤니케이션 네트워크 형태 중 "Y형"을 나타낸 것이다. Y형에서 확고한 중심인은 존재하지 않아도 대다수의 구성원을 대표하는 리더가 존재하는 경우에 나타나는 유형으로써, 라인 및 스탭이 혼합되어 있는 집단에서 흔히 나타난다. ①번은 원 (Circle)형, ②번은 수레바퀴 (Wheel)형, ③번은 쇠사슬 (Chain)형, ④번은 상호연결 (All Channel)형에 대해 각각 설명한 것이다.

18 ④

M과 K 사이의 갈등이 있음을 발견하게 되었으므로 즉각적으로 개입하여 중재를 하고 이를 해결하는 것이 리더의 대처방법이다.

19 ④

이미지 메이킹은 언어적 및 비언어적인 커뮤니케이션의 수단이면서 동시에 적극적인 의사소통행위이다.

20 ②

권위 전략이란 직위나 전문성, 외모 등을 이용하면 협상 과정상의 갈등해결에 도움이 될 수 있다는 것이다. 설득기술에 있어서 권위란 직위, 전문성, 외모 등에 의한 기술이다. 사람들은 자신보다 더 높은 직위, 더 많은 지식을 가지고 있다고 느끼는 사람으로부터 설득 당하기가 쉽다. 계장의 말씀보다 국장의 말씀에 더 권위가 있고 설득력이 높다. 비전문가보다 전문가의 말에 더 동조하게 된다. 전문성이 있는 사람이 그렇지 않은 사람보다 더 권위와 설득력이 있다.

21 ①

목표를 달성하기 위해 노력하는 팀이라면 갈등은 항상 일어나게 마련이다. 갈등은 의견 차이가 생기기 때문에 발생하게 된다. 그러나 이러한 결과가 항상 부정적인 것만은 아니다. 갈등은 새로운 해결책을 만들어 주는 기회를 제공한다. 중요한 것은 갈등에 어떻게 반응하느냐 하는 것이다. 갈등이나 의견의 불일치는 불가피하며 본래부터 좋거나 나쁜 것이 아니라는 점을 인식하는 것이 중요하다. 또한 갈등수준이 적정할 때는 조직 내부적으로 생동감이 넘치고 변화 지향적이며 문제해결 능력이 발휘되며, 그 결과 조직성과는 높아지고 갈등의 순기능이 작용한다.

22 ②

② 갈등은 문제 해결보다 승리를 중시하는 태도에서 증폭된다.

23 ①

협상과정
협상 시작 → 상호 이해 → 실질 이해 → 해결 대안 → 합의 문서

24 ④

첫 번째 유형은 타협형, 두 번째 유형은 통합형을 말한다. 갈등의 해결에 있어서 문제를 근본적·본질적으로 해결하는 것이 가장 좋다. 통합형 갈등해결 방법에서의 '원원 (Win-Win) 관리법'은 서로가 원하는 바를 얻을 수 있기 때문에 성공적인 업무관계를 유지하는 데 매우 효과적이다.

25 ④

홀수항과 짝수항을 따로 분리해서 생각하도록 한다.
홀수항은 분모 2의 분수형태로 변형시켜 보면 분자에서 -3씩 더해가고 있다.

$$10 = \frac{20}{2} \rightarrow \frac{17}{2} \rightarrow 7 = \frac{14}{2} \rightarrow \frac{11}{2}$$

짝수항 또한 분모 2의 분수형태로 변형시켜 보면 분자에서 $+5$씩 더해가고 있음을 알 수 있다.

$$2 = \frac{4}{2} \rightarrow \frac{9}{2} \rightarrow 7 = \frac{14}{2} \rightarrow \frac{19}{2}$$

26 ①

각 항에서의 증가폭이 $+1$, $+2$, $+4$, $+8$, $+16$이다. 각각 2^0, 2^1, 2^2, 2^3, 2^4이므로 다음 항에서는 $2^5 (= 32)$만큼 증가할 것을 알 수 있다. 따라서 $37 + 32 = 69$가 된다.

27 ②

첫 번째 수를 두 번째 수로 나눈 후 그 몫에 1을 더하고 있다.
$20 \div 10 + 1 = 3$, $30 \div 5 + 1 = 7$, $40 \div 5 + 1 = 9$

28 ④

물건의 원가를 a라 하자.
이때 정가는 $\left(1 + \frac{x}{100}\right)a$이므로, 문제의 조건에 의하면

$$\left(1 - \frac{x}{100}\right)\left(1 + \frac{x}{100}\right)a = \left(1 - \frac{4}{100}\right)a$$

$$\Rightarrow \left(1 - \frac{x}{100}\right)\left(1 + \frac{x}{100}\right) = \frac{96}{100}$$

$$\Rightarrow 1 - \left(\frac{x}{100}\right)^2 = \frac{96}{100}$$

$$\Rightarrow \left(\frac{x}{100}\right)^2 = \frac{4}{100}$$

$$\Rightarrow \frac{x}{100} = \frac{2}{10}$$

$$\therefore x = \frac{2}{10} \times 100 = 20$$

29 ②

② 수출량과 수입량 모두 상위 10위에 들어있는 국가는 네덜란드와 중국이다.

30 ②

② A, B, C 3개 회사의 '갑' 제품 점유율 총합은 2021년부터 순서대로 38.4%, 39.9%, 39.6%, 40.8%, 43.0%이다. 2023년도에는 전년도에 비해 3개 회사의 점유율이 감소하였으므로, 반대로 3개 회사를 제외한 나머지 회사의 점유율은 증가하였음을 알 수 있다. 따라서 나머지 회사의 점유율이 2021년 이후 매년 감소했다고 할 수 없다.

① A사는 지속 증가, B사는 지속 감소, C사는 증가 후 감소하는 추이를 보인다.

③ C사는 $\dfrac{7.8-9.0}{9.0} \times 100 ≒ -13.3\%$이며,

B사는 $\dfrac{10.5-12.0}{12.0} \times 100 ≒ -12.5\%$로 C사의 감소율이 B사보다 더 크다.

④ 매년 증가하여 2025년에 3개 회사의 점유율은 43%로 가장 큰 해가 된다.

⑤ 2024년은 점유율의 합이 40.8%이며, 2025년에는 43%이므로 점유율의 증가율은 $\dfrac{43.0-40.8}{40.8} \times 100 ≒ 5.4\%$에 이른다.

31 ①

① 분기별 판매량의 평균은 두 제품 모두 약 50이다. 편차는 A제품의 경우 1/4분기와 2/4분기에서 약 10으로 가장 크고, B제품의 경우 1/4분기에서 약 30으로 가장 크다. 따라서 동일한 시기에 두 제품의 편차가 모두 가장 크다고 할 수 없다.

② 4/4분기 A, B 각 제품의 판매량을 a, b라고 할 때, A제품의 연간 판매량은 60 + 40 + 50 + a = 150 + a이고, B제품의 연간 판매량은 20 + 70 + 60 + b = 150 + b이다. 막대그래프에서 'a〈b'이므로 B제품이 A제품보다 연간 판매량이 더 많다.

③ 세 분기 동안(1/4분기, 2/4분기, 3/4분기) 두 제품의 평균을 구해보면, A 평균 판매량 = $\dfrac{60+40+50}{3}$ = 50, B 평균 판매량 = $\dfrac{20+70+60}{3}$ = 50으로, 두 제품의 평균 판매량은 동일하다.

④ 1/4분기에는 40, 2/4분기에는 30, 3/4분기에는 10, 4/4분기에는 10미만의 판매량 차이를 보이며 연말이 다가올수록 점점 감소한다.

⑤ 3/4분기의 변화율은 $\dfrac{60-70}{70} \times 100 ≒ -14.3(\%)$이며, 4/4분기의 변화율은 $\dfrac{51-60}{60} \times 100 = -15(\%)$가 된다. 둘 다 음수이므로 변화율은 곧 감소율을 나타내며, 감소율의 크고 작음은 수치의 절댓값으로 알 수 있으므로 감소율의 크기는 3/4분기가 더 작다.

32 ④

④ 신입직이 가장 많이 질문 5개에는 '지원 분야에 대한 인턴 경험' 대신 17.5%를 기록한 '앞으로의 포부'가 포함되어야 한다.

① 신입직의 경우 하위 3개 질문은 순서대로 '개인 신상(7.9%)〈전 직장에서의 프로젝트 수행사례(9.0%)〈영어회화 실력(11.8%)'이며, 경력직의 경우에는 '지원 분야 인턴 경험(6.1%)〈영어회화 실력(8.6%)〈개인의 가치관(12.6%)' 순서이다. '영어회화 실력'이 신입직, 경력직 모두에서 공통질문으로 들어가 있다.

② 경력직에서는 35.1%인 반면, 신입직에서는 9.0%를 나타내고 있어 가장 큰 차이를 보이는 질문내용이다.

③ 신입직에서 12.3%, 경력직에서 12.6%를 나타내고 있어 가장 작은 차이를 보이는 질문내용이다.

⑤ 경력직의 경우 '지원동기(51.6%)〉전 직장에서의 프로젝트 수행사례(35.1%)〉직무에 대한 관심(34.1%)' 순으로 가장 많이 받은 질문에 해당한다.

33 ①

'EOMONTH(start_date, months)' 함수는 시작일에서 개월수만큼 경과한 이전/이후 월의 마지막 날짜를 반환한다. 따라서 [C3] 셀에 있는 날짜 2025년 3월 22일의 1개월이 지난 4월의 마지막 날은 30일이다.

6

34 ③

D2셀에 기재되어야 할 수식은
=VLOOKUP(B2,$C$12:$D$15,2,0) 이다. B2는 직책이
대리이므로 대리가 있는 셀을 입력하여야 하며, 데이터 범
위인 C12:D15가 변하지 않도록 절대 주소로 지정을 해
주게 된다. 또한 대리 직책에 대한 수당이 있는 열의 위치
인 2를 입력하게 되며, 마지막에 직책이 정확히 일치하는
값을 찾아야 하므로 0을 기재하게 된다.

35 ④

POWER(number, power) 함수는 number 인수를 power
인수로 제곱한 결과를 반환한다. 따라서 5의 3제곱은 125
이다.

36 ④

구하고자 하는 값은 "생산부 사원"의 승진시험 점수의 평균
이다. 주어진 조건에 따른 평균값을 구하는 함수는
AVERAGEIF와 AVERAGEIFS인데 조건이 1개인 경우에는
AVERAGEIF, 조건이 2개 이상인 경우에는 AVERAGEIFS
를 사용한다.
[=AVERAGEIFS(E3:E20,B3:B20,"생산부",C3:C20,"사원")]

37 ③

A=1, S=1
A=2, S=1+2
A=3, S=1+2+3
…
A=10, S=1+2+3+…+10
∴ 출력되는 S의 값은 55이다.

38 ①

엑셀 통합 문서 내에서 다음 워크시트로 이동하려면
⟨Ctrl⟩+⟨Page Down⟩을 눌러야 하며, 이전 워크시트로
이동하려면 ⟨Ctrl⟩+⟨Page Up⟩을 눌러야 한다.

39 ②

DCOUNT는 조건을 만족하는 개수를 구하는 함수로,
[A2:F7]영역에서 '2021'(2021년도 종사자 수)가 25보다
작고 '2025'(2025년도 종사자 수)가 19보다 큰 레코드의
수는 1이 된다. 조건 영역은 [A9:B10]이 되며, 조건이 같
은 행에 입력되어 있으므로 AND 조건이 된다.

40 ④

worst-fit은 할당되지 않은 공간 중 가장 큰 공간을 선택
해서 프로세스가 적재되는 것을 의미한다. 다시 말해 모든
공간 중에서 수용 가능한 가장 큰 곳을 선택하는 방식을
말한다. 남은 공간이 큼직큼직하며, 1순위에 할당하므로
선택이 빠르다는 이점이 있는 반면에 기억공간의 정렬이
필요하고 더불어서 공간의 낭비가 발생하게 되는 문제점이
존재한다.

41 ③

이중골조방식 : 횡력의 25퍼센트 이상을 부담하는 전단벽이 연성모멘트 골조와 조화되어 있는 구조방식이다.

메가칼럼 : 메가구조에 사용되는 단면이 매우 큰 기둥을 말한다. 일반적으로 전단벽과 병행한다.

42 ④

강도설계법은 소성이론 하에서 이루어진 설계법이다. (콘크리트는 완전 탄성체가 아니라 소성체에 가까운 특성상 강도설계법은 반드시 필요하다.)

• 강도설계법 : 구조부재를 구성하는 재료의 비탄성거동을 고려하여 산정한 부재단면의 공칭강도에 강도감소계수를 곱한 설계용 강도의 값(설계강도)과 계수하중에 의한 부재력(소요강도)이상이 되도록 구조부재를 설계하는 방법.

• 허용응력설계법 : 탄성이론에 의한 구조해석으로 산정한 부재단면의 응력이 허용응력(안전율을 감안한 한계응력)을 초과하지 아니하도록 구조부재를 설계하는 방법

43 ③

장기처짐계수 $\lambda = \dfrac{\zeta}{1+50\rho'}$ 에서 지속하중에 의한 시간경과계수 ζ는 2이며 압축철근비는

$$\sigma' = \frac{A_s'}{bd} = \frac{2,400}{300 \cdot 400} = 0.020$$

따라서 장기처짐계수는

$$\lambda = \frac{\zeta}{1+50\rho'} = \frac{2}{1+50 \cdot 0.020} = 1.0$$

장기처짐은 탄성처짐(단기처짐)에 장기처짐계수를 곱한 값이므로 장기처짐은 15mm가 된다.

44 ④

$$\phi R_n = \phi \cdot n_b \cdot F_{nv} \cdot A_b$$
$$= 0.75 \cdot 4 \cdot 500 \cdot \frac{\pi(22)^2}{4} ≒ 570[kN]$$

45 ⑤

하중조건	처짐각	처짐
	$\theta_B = \dfrac{PL^2}{2EI}$	$\delta_B = \dfrac{PL^3}{3EI}$
	$\theta_B = \dfrac{PL^2}{8EI}$, $\theta_C = \dfrac{PL^2}{8EI}$	$\delta_B = \dfrac{PL^3}{24EI}$, $\delta_C = \dfrac{5PL^3}{48EI}$
	$\theta_B = \dfrac{Pa^2}{2EI}$, $\theta_C = \dfrac{Pa^2}{2EI}$	$\delta_B = \dfrac{Pa^3}{6EI}(3L-a)$, $\delta_C = \dfrac{Pa^3}{3EI}$

46 ①

절대습도

㉠ 단위중량의 건조 공기 중에 포함되어 있는 수증기의 양

㉡ 절대습도는 급격한 기상변화가 없는 한 하루 중 거의 일정하다.

47 ③

구조물의 중량을 감소시키면 관성력이 저하되어 동일한 외력에 대해 큰 변위가 발생하게 되는 문제가 생기게 된다.

48 ①

보강철근으로 보강하지 않은 콘크리트는 취성거동을 한다.

49 ③

마찰말뚝 여러 개를 묶어서 하나로 만든 군항말뚝의 효율은 1 미만이다. 따라서 n개의 말뚝을 박는다고 해서 지지력이 n배가 되는 것이 아니라 그보다 낮은 지지력을 갖는다.

50 ①

$M = 130 = P \cdot e = 650 \cdot e$ 이므로 $e = 0.2[m]$가 된다.

51 ②

데크플레이트 … 구조물의 바닥재나 거푸집 대용으로 사용되는 철강 판넬

52 ②

실물대시험(Mock-up-test) … 외벽성능시험이라고도 하며 풍동시험을 근거로 설계한 3개의 실모형으로 현장에서 최악의 외기조건으로 시험한다. 예비시험, 기밀시험, 정압수밀시험, 동압수밀시험, 구조시험, 층간 변위시험을 실시한다.

53 ③

철골이 콘크리트에 묻히는 부분은 녹막이칠을 해서는 안된다. (녹막이칠을 하게 되면 콘크리트와의 부착력이 저하된다.)

54 ①

프리캐스트(Pre-cast) 콘크리트의 경우 슬럼프가 20mm 이상인 콘크리트의 배합은 슬럼프시험을 원칙으로 하며, 슬럼프 20mm 미만인 콘크리트의 배합은 제조 방법에 적합한 시험 방법에 의한다.

55 ②

용제형 도막방수는 시공이 간단하고 착색이 용이하나 충격에 약함으로 보호층이 필요하다.
※ 도막방수는 방수바탕에 합성수지나 합성고무의 용액을 도포하여 방수층을 형성하는 공법으로서 용제형 (Solvent)과 유제형(Emulsion)으로 대분된다.
　㉠ 용제형(Solvent) 도막방수
　• 합성고무를 Solvent에 녹여 0.5mm~0.8mm의 방수피막을 형성한다.
　• Sheet와 같은 피막을 형성하며 고가품이으로 최상층 마무리에 사용된다.
　• 시공이 간단하고 착색이 용이하나 충격에 약하므로 보호층이 필요하다.
　㉡ 유제형(Emulsion) 도막방수
　• 수지, 유지를 여러 번 발라서 0.5~1mm의 피막을 형성한다.

• 바탕 1/50의 물흘림경사, 구석, 모서리 5cm 이상 면을 접는다.
• 다소 습기가 있어도 시공이 가능하며 보호층을 둔다.
• 우천 시 동기시공(2도 이하)은 피해야 한다.

56 ①

① CIC(Computer Integrated Construction) : 건설프로세스의 효율적인 운영을 위해 형성된 개념으로 건설생산에 초점을 맞추고 이에 관련된 계획, 관리, 엔지니어링, 설계, 구매, 계약, 시공, 유지 및 보수 등의 요소들을 주요 대상으로 하는 것
② MIS(Management Information System) : 경영정보시스템
③ CIM(Computer Integrated Manufacturing) : 컴퓨터 통합생산 시스템
④ CAM(Computer Aided Manufacturing) : 컴퓨터 지원 제조시스템

57 ②

웰포인트공법 : 강제 배수 공법의 대표적인 공법으로 인접 건축물과 토류판 사이에 케이싱 파이프를 삽입하여 지하수를 펌프 배수하는 공법

58 ④

주공정선(Critical path) … 소요일수가 가장 많은 작업경로, 여유시간을 갖지 않는 작업경로, 전체 공기를이 지배하는 작업경로이다.
주어진 문제에서 ①→②→③→⑤→⑥의 경우가 가장 소요일수가 많은 경로이므로 주공정선이 된다.

59 ③

③ 폼타이(Form Tie) : 거푸집이 벌어지지 않게 하는 긴장재
① 세퍼레이터(Separator) : 콘크리트 공사 시 거푸집의 간격을 유지하기 위한 자재
② 스페이서(Spacer) : 철근이 거푸집에 밀착되는 것을 방지하여 피복간격을 확보하기 위한 간격재(굄재)
④ 인서트(Insert) : 콘크리트에 달대와 같은 설치물을 고정하기 위하여 매입하는 철물

60 ③

공사의 실행예산은 시공자가 편성을 한다.

※ 공사감리자의 감리업무

　ⓐ 공사시공자가 설계도서에 적합하게 시공하는지의 여부 확인

　ⓑ 건축자재가 기준에 적합한지의 여부 확인

　ⓒ 시공계획 및 공사관리의 적정여부 확인

　ⓓ 공정표 및 상세시공도면의 검토 및 확인

　ⓔ 구조물의 위치와 규격의 적정여부 검토 및 확인

　ⓕ 품질시험의 실시여부 및 시험성과 검토 및 확인

　ⓖ 설계변경의 적정여부 검토 및 확인

　ⓗ 공사현장에서의 안전관리 지도

　ⓘ 기타 공사감리계약으로 정하는 사항

61 ②

② 메탈 라스(Metal Lath) : 얇은 강판에 동일한 간격으로 펀칭하고 잡아늘려 그물처럼 만든 것으로 천장, 벽, 처마둘레 등의 미장바탕에 사용되는 재료로 바른 것이다.

① 와이어 라스(Wire Lath) : 철선을 꼬아서 만든 것으로, 벽, 천장의 미장공사에 사용되며 원형, 마름모, 갑형 등 3종류가 있다.

③ 와이어 메쉬(Wire Mesh) : 연강 철선을 전기용접하여 격자형으로 만든 것으로 콘크리트 바닥판, 콘크리트 포장 등에 사용된다.

④ 펀칭 메탈(Punching Metal) : 판두께 12mm 이하의 얇은 판에 각종 무늬의 구멍을 뚫는 것으로 환기구멍, 라지에이터 카버(Radiator cover) 등에 사용

62 ③

공사용수설비는 가설공사비에 포함된다.

비목	비목의 내용
가설 공사비	• 직접가설 : 공사 실시를 위해 직접적으로 필요한 가설비(수평보기, 비계, 보양 청소 등) • 공통가설 : 운영, 관리상 필요한 가설비(창고, 현장사무소, 가설울타리, 공사용수설비, 공사용동력, 공사용도로 등) (가설공사비는 대략 도급금액의 10% 정도를 차지한다.)
재료비	• 직접재료비 : 공사목적물의 실체를 형성하는 재료(부품, 의장재외주품 등) • 간접재료비 : 실체는 형성하지 않으나 보조적으로 소모되는 물품(공구, 비품 등) • 운임 · 보험료 · 보관비 : 부대비용 • 작업설(作業屑) · 부산물 : 그 매각액 또는 이용가치를 추산하여 재료비에서 공제
노무비	• 직접노무비 : 직접 작업에 종사하는 노무자 및 종업원에게 제공되는 노동력의 대가 (기본금, 제수당, 상여금, 퇴직급여충당금) 노무소요량 × 시중노임단가로 산정한다. • 간접노무비 : 보조 작업에 종사하는 노무자, 종업원과 현장감독자 등의 노동력 대가 간접노무비 = 직접노무비 × 간접노무비율 (직접노무비의 13%~17% 정도)
외주비	하청에 의해 제작공사의 일부를 따로 위탁 제작하여 반입하는 재료비와 노무비
경비	• 직접계상경비 : 소요, 소비량 측정이 가능한 경비 (가설비, 전력, 운반, 시험, 검사, 임차료, 보험료, 보관비, 안전관리비 등) • 승율계상경비 : 소요, 소비량 측정이 곤란하여서 유사원가자료를 활용하여 비율산정이 불가피한 경우(연구개발, 소모품비, 복리후생비 등)
일반 관리비	기업유지를 위한 관리 활동 부분의 발생 제비용(임원급료, 본사직원급료 등) 일반관리비 = 공사원가(재료비 + 노무비 + 경비) × 요율 (5~6% 적용)
이윤	기업의 이익을 말하며, 시설공사의 이윤은 공사원가 중 노무비, 경비, 일반관리비의 합계액(이 경우 기술료, 외주가공비 제외)에 이윤 15%를 초과하여 계상할 수 없다. 이윤 = (노무비 + 경비 + 일반관리비) × 이윤율(%)

63 ④

트럭의 규격은 트럭의 적재중량을 말하는 것으로서, 8ton 트럭의 적재중량은 8ton이 된다.

PC기둥의 단위중량은 2.4ton/m^3(철근 콘크리트의 단위중량임)

PC 기둥의 체적은 $V = 0.3 \times 0.6 \times 3.0 = 0.54\text{m}^3$

중량을 계산하면, $0.54\text{m}^3 \times 2.4\text{ton/m}^3 = 1.296\text{ton}$

차량 1대에 최대로 적재 가능한 PC기둥의 수는 $\dfrac{8}{1.296} = 6.173$개로서 6개가 된다.

64 ③

③ 카세인(Casein) : 단백질의 일종으로 젖의 주요 단백질이다. 목재 접착제로 주로 사용되는 자재이다.

① 크레오스트유(Creosote oil) : 방부력이 우수하고 내습성도 있으며, 값이 저렴하나 냄새가 매우 좋지 않아서 실내에 사용할 수가 없다. 흑갈색 용액이므로 미관을 고려하지 않는 외부에 주로 사용된다.

② 콜타르(Coal Tar) : 석탄을 고온건류할 때 부산물로 생기는 검은 유상 액체이다. 목재에 사용되는 방부제로서 방부력이 약하여 주로 도포용으로 사용된다. 흑색이므로 사용장소가 제한된다.

④ P.C.P(Penta Chloro Phenol) : 펜타클로로페놀의 약자로서 무색이고 방부력이 매우 우수하며 페인트를 덧칠할 수 있다.

구분	종류	특징	용도
유성	크레오소트유 (Creosote Oil)	갈색으로 가격이 저렴하고 많이 사용	구조재 (기둥, 보, 지붕틀) 철도의 침목, 전주, 파일
수용성	페놀류, 무기 플루오르화계 목재방부제(PF)	• 도장 가능하며 독성 있음 • 색상은 청록색	토대의 부패방지
수용성	펜타클로르페놀구리의 암모니아액 목재 방부제	• 도장 가능하며 독성 있음 • 색상은 무색	방부, 방충처리 목재
수용성	크롬, 구리, 비소화합물계 목재 방부제 (CCA)	• 도장 가능하며 독성 있음 • 색상은 녹색	주거용, 상업용 건축등에 적용
유용성	펜 타 클 로 르 페 놀 (PCP)	• 도장 가능하며 독성 있음 • 자극적인 냄새, 색상은 무색으로 우수하나 고가	방부, 방충 처리 목재 산업용에 적용

65 ④

도장방법의 종류

㉠ 클리어 래커 도장

• 주원료는 질산섬유소 수지, 휘발성 용제이다.

• 목재면의 무늬를 살리기 위한 도장 재료로 적당하다.

• 유성 바니쉬에 비하여 도막이 얇고 견고하다.

• 담갈색 빛으로 시공 후에는 우아한 광택이 있다.

• 내수성, 내후성이 다소 부족하여 실내용으로 주로 이용한다.

• 속건성이므로 스프레이를 사용하여 시공하는 것이 좋다.

㉡ 유성페인트

• 재료 : 안료+용제+희석제+건조제

• 반죽의 정도에 따른 분류 : 된반죽 페인트, 중반죽 페인트, 조합 페인트

• 광택과 내구력이 좋으나 건조가 늦다.

• 철제, 목재의 도장에 쓰인다.

• 알칼리에는 약하므로 콘크리트, 모르타르 면에 바를 수 없다.

㉢ 유성 에나멜 페인트

• 유성바니시를 전색제로 하여 안료를 첨가한 것으로 일반적으로 내알칼리성이 약하다.

• 일반 유성페인트보다는 건조시간이 느리고, 도막은 탄성, 광택이 있으며 경도가 크다.

• 스파아 바니쉬를 사용한 에나멜 페인트는 내수성, 내후성이 특히 우수하여 외장용으로 쓰인다.

㉣ 합성수지 페인트

• 재료 : 합성수지+중화제+안료

• 도막이 단단하며 건조가 빠르다.

• 내마모성, 내산성, 내알칼리성이 우수하다.

66 ③

자동용접기에 관한 설명이다.

※ 용접기의 종류

㉠ 직류아크용접기 : 직류 전원에 의해서 발생하는 아크를 이용하는 아크 용접기이다.

㉡ 교류아크용접기 : 교류 전원에 의해서 발생하는 아크를 이용하는 아크 용접기이다.

㉢ 서브머지 아크용접 : 용접봉의 주입과 용접을 위한 이동을 자동화한 것으로 용접작업 시 아크가 보이지 않으므로 작업능률이 좋다. 용융되는 모재와 대기와의 접촉을 차단하여 용접되는 방식으로 철골공장에서 주로 사용된다.

㉣ 가스압접 : 산소아세틸렌 용접으로서 산소와 아세틸렌이 화합할 때 발생하는 고열을 이용하여 금속을 용접하는 것으로서 철근이음에 많이 사용되나 철골에서는 거의 사용되지 않는다.

㉤ 일렉트로 슬래그용접 : 용융된 슬래그와 용융 금속이 용접부에서 흘러나오지 않도록 둘러싸고, 용융된 슬래그 풀에 용접봉을 연속적으로 공급하여, 주로 용융 슬래그의 저항열에 의하여 용접봉과 모재를 용융시켜 위로 용접을 진행하는 방법이다.

㉥ 이산화탄소 아크용접 : 피복재(Flux)를 사용하여 모재 사이에 아크를 발생시켜 모재와 용접봉을 녹여 접합하는 방법으로 용접 시 이산화탄소를 뿌려주어 금속의 변질을 방지하는 방법이다.

67 ③

평면도 작성 시 천장에 오픈된 부분을 표시하기 위해 사용하는 선은 파선이다.

68 ①

배치도에 관한 설명이다.

69 ③

글자체는 수직 또는 15° 경사의 고딕체로 사용하는 것을 원칙으로 한다.

70 ①

볼류트는 이오니언양식의 구성요소이다.

71 ①

① 표준관입시험 : 원위치에서의 지반 조사의 보편적인 방법. 로드 끝에 외경 5.1cm, 내경 3.5cm, 길이 81cm의 스플릿 스푼 샘플러를 부착하고, 보링 구멍 내에서 무게 63.5kg의 해머를 높이 75cm에서 낙하시켜 30cm 관입시키는 데 요하는 타격 횟수(N값)를 측정하는 시험으로서 사질토의 상대밀도 측정에 주로 사용된다. 사질토뿐만 아니라 점성토의 특성파악에도 사용된다.

② 베인테스트 : 연약점성토에 Vane Tester를 회전시켜 점착력을 구하여 전단강도를 산출하는 시험이다.

③ 깊은우물공법 : Deep Well공법이라고도 한다. 깊은 우물을 파고 케이싱 스트레이너를 삽입한 후 수중펌프로 양수하는 배수방식이다.

72 ②

거푸집의 종류

㉠ 벽체전용거푸집

• 갱폼 : 사용할 때마다 작은 부재의 조립, 분해를 반복하지 않고 대형화, 단순화하여 한 번에 설치하고 해체하는 거푸집 시스템으로 주로 외벽의 두꺼운 벽체나 옹벽, 피어기초 등에 이용된다.

• 클라이밍폼 : 벽체용 거푸집을 거푸집과 벽체마감공사를 위한 비계틀을 일체로 조립하여 한꺼번에 인양시켜 설치하는 공법으로 Gang Form에 거푸집 설치용 비계틀과 기타설된 콘크리트의 마감용 비계를 일체로 한 것이다.

• 슬라이딩폼 : 수평적 또는 수직적으로 반복된 구조물을 시공이음없이 균일한 형상으로 시공하기 위하여 거푸집을 연속적으로 이동시키면서 콘크리트를 타설하여 구조물을 시공하는 거푸집공법으로 주로 사일로, 교각, 건물의 코어부분 등 단면형상의 변화가 없는 수직으로 연속된 콘크리트 구조물에 사용된다. Yoke와 Oil Jack, 체인블록 등으로 상승되며 작업대와 비계틀이 동시에 상승되어 안전성이 높다.

• 슬립폼 : 전망탑, 급수탑 등 단면형상에 변화가 있는 수직으로 연속된 콘크리트 구조물에 사용되는 연속화, 일체화 공법으로 상승작업은 주간에만 하도록 한다.

ⓛ 바닥판 전용거푸집

• 플라잉폼(테이블폼) : 바닥에 콘크리트를 타설하기 위한 거푸집으로서 장선, 멍에, 서포트 등을 일체로 제작하여 부재화한 거푸집 공법으로 갱폼과 조합사용이 가능하며 시공정밀도, 전용성이 우수하고 처짐, 외력에 대한 안전성이 우수하다.

• 와플폼 : 무량판구조, 평판구조에서 특수상자모양의 기성재 거푸집으로 2방향 장선바닥판 구조가 가능하며 격자 천정형식을 만들 때 사용하는 거푸집이다.

• 데크플레이트 폼 : 철골조 보에 걸어 지주없이 쓰이는 바닥골철판으로 초고층 슬래브용 거푸집으로 많이 사용한다. 철근이 선조립된 페로덱 철판도 있다.

• 옴니어 슬래브공법(Half Slab공법) : 공장제작된 Half slab PC콘크리트판과 현장타설 Topping concrete로 된 복합구조로 지주수량이 감소되며 합성 슬래브공법으로 이용이 가능하다.

ⓒ 바닥 + 벽체용거푸집

• 터널폼 : 대형 형틀로서 슬래브와 벽체의 콘크리트타설을 일체화하기 위한 것으로 한 구획전체의 벽판과 바닥판을 ㄱ자형 또는 ㄷ자형으로 짜는 거푸집

• 트레블링폼 : 장선, 멍에, 동바리 등이 일체로 유니트화한 대형, 수평이동 거푸집이다. 벽체와 바닥을 동시에 타설하여 옹벽, 지하철, 터널, 교량 등 주로 토목구조물에 적용된다.

73 ③

건설기계의 종류

구분	종류	특성
굴착용	파워쇼벨	지반면보다 높은 곳의 땅파기에 적합하며 굴착력이 크다.
	드래그쇼벨	지반보다 낮은 곳에 적당하며 굴착력이 크고 범위가 좁다.
	드래그라인	기계를 설치한 지반보다 낮은 곳 또는 수중 굴착시에 적당하다.
	클램셀	좁은 곳의 수직굴착, 자갈 적재에도 적합하다.
	트렌쳐	도랑파기, 줄기초파기에 사용된다.
정지용	불도저	운반거리 50~60m(최대 100m)의 배토, 정지작업에 사용된다.
	앵글도저	배토판을 좌우로 30도 회전하며 산허리를 깎는데 유리하다.
	스크레이퍼	흙을 긁어모아 적재하여 운반하며 100~150m의 중거리 정지공사에 적합하다.
	그레이더	땅고르기 기계로 정지공사 마감이나 도로 노면정리에 사용된다.
다짐용	전압식	롤러 자중으로 지반을 다진다. (로드롤러, 탬핑롤러, 머케덤롤러, 타이어롤러)
	진동식	기계에 진동을 발생시켜 지반을 다진다. (진동롤러, 컴팩터)
	충격식	기계가 충격력을 발생시켜 지반을 다진다. (램머, 탬퍼)
싣기용	크롤러로더	굴착력이 강하며, 불도저 대용으로도 쓸 수 있다.
	포크리프트	창고하역이나 목재싣기에 사용된다.
운반용	컨베이어	밸트식과 버킷식이 있고 이동식이 많이 사용된다.

74 ①

총공사비 (견적 가격)	총원가	공사원가	순공사비	간접공사비 (공통경비)	
	부가이윤				
		일반관리비 부담금			
			현장경비		
					재료비
			직접공사비		노무비
					외주비
					직접경비

75 ③

$$현열비 = \frac{현열}{현열 + 잠열} = \frac{35,000}{35,000 + 15,000} = 0.7$$

76 ③

경량형강

㉠ 소규모 구조, 실내 구조용으로 사용한다.

㉡ 단면적 대비 단면 성능계수를 높인 형강을 말한다.

㉢ 접합에 불리하며, 처짐과 국부좌굴에 취약하다.

㉣ 경량구조를 위해 단면이 작고 얇은 강판을 냉간 성형하여 만든 강재이다.

77 ④

풍하중에 의한 횡변위 제어는 주로 고층건물에서 고려되는 사항이다.

78 ③

$$\tau_{max} = \frac{4}{3} \cdot \frac{V}{A} = \frac{4}{3} \cdot \frac{30[kN]}{\pi \cdot (180mm)^2} = 0.39[MPa]$$

79 ④

$$\sum M_A = 0 : 30 \cdot 6 - R_B \cdot 6 = 0 \text{이므로}$$
$$R_B = 6[kN](\uparrow)$$

$$\sum V = 0 : R_A + R_B = 0 \text{이므로} \quad R_A = 30[kN](\downarrow)$$

CD부재를 하나의 보로 보고 해석하면 C점에 30kN의 연직방향 힘이 가해지고 있으므로 E점에서의 휨모멘트는 90[kN · m]이 된다.

80 ③

다음 중 큰 값을 적용한다.

$$l_{db} = \frac{0.25 d_b f_y}{\lambda \sqrt{f_{ck}}} = \frac{0.25(22)(400)}{(1.0)\sqrt{27}} = 423.4mm$$

$$l_{db} = 0.043 d_b f_y = 0.043(22)(400) = 378.4mm$$

〉〉 직업기초능력평가(40문항)

1 ①

'있다'의 어간 '있-'에 '어떤 일에 대한 원인이나 근거'를 나타내는 연결 어미 '-(으)매'가 결합한 형태이다.

② '선보이-'+'-었'+'-어도' → 선보이었어도 → 선뵀어도

③ 한글 맞춤법 제40항에 따르면 어간의 끝음절 '하'가 아주 줄 적에는 준 대로 적는다. 따라서 '야속하다'는 '야속다'로 줄여 쓸 수 있다.

④ '마구', '많이'의 뜻을 더하는 접두사 '처-'를 쓴 단어이다. '(~을) 치다'의 '치어'가 준 말인 '쳐'가 오지 않도록 한다.

⑤ '몇 일'은 없는 표현이다. 표준어인 '며칠'로 쓴다.

2 ⑤

⑤ '때맞추다'는 한 단어이므로 붙여 쓴 것이 맞다. '처리해 나갔다'에서 '나가다'는 '앞말이 뜻하는 행동을 계속 진행함'을 뜻하는 보조동사로 본용언과 띄어 쓰는 것이 원칙이다.

① '보아하니'는 부사로, 한 단어이므로 붙여 쓰기 한다. 유사한 형태로 '설마하니, 멍하니' 등이 있다.

② '난생처음'은 한 단어이므로 붙여 쓰기 한다.

③ '별∨볼∨일이'와 같이 띄어쓰기 한다.

④ '하잘것없다'는 형용사로 한 단어이므로 붙여 쓰고, '끼리'는 접미사이므로 '형제끼리'와 같이 앞 단어와 붙여 쓴다.

3 ③

• 인출(引出) : 예금 따위를 찾음.

• 도출(導出) : 판단이나 결론 따위를 이끌어 냄.

• 색출(索出) : 샅샅이 뒤져서 찾아냄.

4 ③

화자는 문두에서 한 번에 두 가지 이상의 일을 하는 것은 마음에게 흩어지라고 지시하는 것이라고 언급한다. 또한 글의 중후반부에서 당신이 하는 모든 일은 당신의 온전한 주의를 받을 가치가 있는 것이어야 한다고 강조한다. 따라서 이 글의 중심 내용은 ③이 적절하다.

5 ④

첫 번째 빈칸은 서리 착빙은 중량이 가볍다는 내용과 서리가 붙은 채로 이륙하면 문제가 발생할 수 있다는 상반된 내용을 연결해주고 있어 '그러나, 하지만'과 같은 역접의 접속사가 위치하는 것이 적절하다. 두 번째 빈칸은 서리 착빙에 이어 거친 착빙에 대한 설명을 연결해주고 있어 '다음으로'가 적절하다.

6 ③

쌀의 탄생 배경과 널리 쓰이는 구분법에 의한 종류에 대해 언급하고 있는 글이므로 '쌀의 역사와 종류'를 제목으로 보는 것이 가장 적절하다.

7 ②

② 윗글에서는 기존의 주장을 반박하는 방식의 서술 방식은 찾아볼 수 없다.

8 ③

③ 액체와 기체는 물질의 상태라는 한 영역 안에 있지만 물질의 상태에는 액체와 기체 외에도 고체 등이 존재하므로 상호 배타적이지 않다.

① 앞과 뒤는 방향 반의어이다.

② 삶과 죽음은 상보 반의어이다.

④ '크다'와 '작다'는 등급 반의어이다.

⑤ '오른쪽'과 '왼쪽'은 방향 반의어이다.

9 ②

    ㉠ A의 진술이 참이고, E의 진술이 거짓인 경우

A	B	C	D	E
목격자 ○				범인 ×

B, E의 진술이 거짓이므로, 세 번째 조건에 의해 C, D의 진술은 참

범인은 C가 되고 A의 진술은 참이 된다.

A	B	C	D	E
목격자 ○	×	범인 ○		범인 ×

결국 C, E가 범인이고 첫 번째 조건에 부합한다.

범인이 아닌 사람은 A, B, D이다.

    ㉡ A의 진술이 거짓이고 E의 진술이 참인 경우

A	B	C	D	E
×				~범인 ○

A의 진술이 거짓이므로 D의 진술도 거짓

A	B	C	D	E
×			×	~범인 ○

A, D의 진술이 거짓이므로, 세 번째 조건에 의해 B, C의 진술은 참

범인은 C, 목격자는 B가 된다.

A	B	C	D	E
×	목격자 ○	범인 ○	×	~범인 ○

범인이 아닌 사람은 B, E이다.

㉠㉡을 종합하여 보면 반드시 범인이 아닌 사람은 B가 된다.

10 ③

    ㉠ 악취 요인 A : 버섯과 술을 마셨을 때 악취 발생, 버섯은 먹고 술은 마시지 않았을 때는 악취가 발생하지 않았다.

    ㉡ 미각 상실 원인 B : 버섯을 먹고 술을 마시거나 마시지 않아도 발병했다. 또한 B는 물에 끓여도 효과가 약화되지 않는다는 것도 알 수 있다.

    ㉢ 백혈구 감소 물질 C : ㉡과 같이 물에 끓여도 효과가 약화되지 않는다. 만약 물에 끓여 효과가 약화된다면 을은 백혈구 감소가 나타나지 않아야 한다.

11 ②

    ㉡ 갑 = 을

    ㉢ 을 ∩ 병, 갑 ×

    ㉣ 갑 ×, 정 ×

    ㉤ 정 ×. 병 × . 갑 ○

    ㉥ 갑 ×, 무 ×

    ㉦ 무 ○, 병 × 이것을 정리해 보면 ㉣㉤에 의해 갑 가담, 갑이 가담하면 을도 가담

    ㉢에 의해 을이 가담했으므로 병도 가담

    ㉥에 의해 정도 가담 무만 가담하지 않음을 알 수 있다.

12 ③

- A가 선정되면 B도 선정된다.
  - → A→B … ⓐ
- B와 C가 모두 선정되는 것은 아니다.
  - → ~(B∧C)=~B∨~C … ⓑ
- B와 D 중 적어도 한 도시는 선정된다.
  - → B∨D … ⓒ
- C가 선정되지 않으면 B도 선정되지 않는다.
  - → ~C→~B … ⓓ

    ⓑ와 ⓓ를 통해 ~B는 확정

    ⓐ와 ~B를 통해 ~A도 확정

    ⓒ와 ~B를 통해 D도 확정

    ㉠ A와 B 가운데 적어도 한 도시는 선정되지 않는다.
  - → 참

    ㉡ B도 선정되지 않고, C도 선정되지 않는다.
  - → B는 선정되지 않지만 C는 모름

    ㉢ D는 선정된다. → 참

13 ⑤

- 지원자 중 3명 선발
- 과장을 선발할 경우 동일 부서에 근무하는 직원을 1명 이상 함께 선발, 어학 능력 '하'인 직원을 선발한다면 어학 능력 '상'인 직원도 선발
- 근무평정이 70점 이상, 2년 이상 경과하지 않은 직원 선발 불가 → A 탈락
- 기술본부 직원을 1명 이상 선발 → F 선발

보기를 보면 ③과 ⑤으로 함축되는데 ③ 사업본부 B과장을 선발하면 동일 부서 직원을 함께 선발해야 하는데 G사원은 어학능력이 '하'이므로 '상'인 직원도 선발해야 하므로 D팀장이 선발되어야 한다. 반드시 F는 선발되어야 하므로 성립되지 않는다. 그러므로 ⑤가 정답이 된다.

14 ②

A가 참이면 A=금, B=은, C=×
B가 참이면 A=금, B=×, C=은
C가 참이면 모순이 된다.
그러므로 항상 옳은 것은 '상자 A에는 금반지가 있다'가 된다.

15 ②

㉠과 ㉢, ㉣에 의해 E > B > A > C이다.
㉡에서 D는 C보다 나이가 적으므로 E > B > A > C > D
이다.

16 ③

D가 치과의사라면 ㉣에 의해 C는 치과의사가 되지만 그렇게 될 경우 C와 D 둘 다 치과의사가 되기 때문에 모순이 된다. 이를 통해 D는 치과의사가 아님을 알 수 있다. ㉡과 ㉤ 때문에 B는 승무원, 영화배우가 될 수 없다. ㉥을 통해서는 B가 국회의원이 아니라 치과의사라는 사실을 알 수 있다. ㉣에 의해 C는 치과의사가 아니므로 D는 국회의원이라는 결론을 내릴 수 있다. 또한 ㉢에 의해 C는 영화배우가 아님을 알 수 있다. C는 치과의사도, 국회의원도, 영화배우도 아니므로 승무원이란 사실을 추론할 수 있다. 나머지 A는 영화배우가 될 수밖에 없다.

17 ⑤

문제에 제시된 대화에서 A변호사는 I-Message의 대화스킬을 활용하고 있다. ⑤번은 I-Message가 아닌 You-Message에 대한 설명이다. 상대에게 일방적으로 강요, 공격, 비난하는 느낌을 전달하게 되면 상대는 변명하려 하거나 또는 반감, 저항, 공격성 등을 보이게 된다.

18 ②

갈등해결 방법
㉠ 다른 사람들의 입장을 이해한다.
㉡ 사람들이 당황하는 모습을 자세하게 살핀다.
㉢ 어려운 문제는 피하지 말고 맞선다.
㉣ 자신의 의견을 명확하게 밝히고 지속적으로 강화한다.
㉤ 사람들과 눈을 자주 마주친다.
㉥ 마음을 열어놓고 적극적으로 경청한다.
㉦ 타협하려 애쓴다.
㉧ 어느 한쪽으로 치우치지 않는다.
㉨ 논쟁하고 싶은 유혹을 떨쳐낸다.
㉩ 존중하는 자세로 사람들을 대한다.

19 ②

효과적인 팀은 결국 결과로 이야기할 수 있어야 한다. 필요할 때 필요한 것을 만들어 내는 능력은 효과적인 팀의 진정한 기준이 되며, 효과적인 팀은 개별 팀원의 노력을 단순히 합친 것 이상의 결과를 성취하는 능력을 가지고 있다. 이러한 팀의 구성원들은 지속적으로 시간, 비용 및 품질 기준을 충족시켜 준다. 결과를 통한 '최적의 생산성'은 바로 팀원 모두가 공유하는 목표이다.
선택지에 주어진 것 이외에도 효과적인 팀의 특징으로는 '팀의 사명과 목표를 명확하게 기술한다.', '창조적으로 운영된다.', '리더십 역량을 공유하며 구성원 상호 간에 지원을 아끼지 않는다.', '팀 풍토를 발전시킨다.' 등이 있다.

20 ①

T그룹에서 워크숍을 하는 이유는 직원들 간의 단합과 화합을 키우기 위해서이고 또한 각 부서의 장에게 나름대로의 재량권이 주어졌으므로 위의 사례에서 장부장이 할 수 있는 행동으로 가장 적절한 것은 ①번이다.

21 ②

② 협상 상대가 협상에 대하여 책임을 질 수 있고 타결권한을 가지고 있는 사람인지 확인하고 협상을 시작해야 한다. 최고책임자는 협상의 세부사항을 잘 모르기 때문에 협상의 올바른 상대가 아니다.

22 ④

④ 갈등해결방법 모색 시에는 논쟁하고 싶은 유혹을 떨쳐내고 타협하려 애써야 한다.

23 ③

갈등해결방법의 유형
- ㉠ 회피형 : 자신과 상대방에 대한 관심이 모두 낮은 경우 (나도 지고 너도 지는 방법)
- ㉡ 경쟁형 : 자신에 대한 관심은 높고 상대방에 대한 관심은 낮은 경우(나는 이기고 너는 지는 방법)
- ㉢ 수용형 : 자신에 대한 관심은 낮고 상대방에 대한 관심은 높은 경우(나는 지고 너는 이기는 방법)
- ㉣ 타협형 : 자신에 대한 관심과 상대방에 대한 관심이 중간 정도인 경우(타협적으로 주고받는 방법)
- ㉤ 통합형 : 자신은 물론 상대방에 대한 관심이 모두 높은 경우(나도 이기고 너도 이기는 방법)

24 ④

①②③ 전형적인 독재자 유형의 특징이다.

※ 파트너십 유형의 특징
- ㉠ 평등
- ㉡ 집단의 비전
- ㉢ 책임 공유

25 ①

첫 번째 숫자를 두 번째 숫자로 나누었을 때의 나머지가 세 번째 숫자가 된다.

$22 \div 4 = 5 \cdots 2$, $19 \div 3 = 6 \cdots 1$, $37 \div 5 = 7 \cdots 2$, $5 \div 3 = 1 \cdots 2$, $54 \div 6 = 9 \cdots \underline{0}$

26 ②

일의 자리에 온 숫자를 그 항에 더한 값이 그 다음 항의 값이 된다.

$78 + 8 = 86$, $86 + 6 = 92$, $92 + 2 = 94$, $94 + 4 = 98$, $98 + 8 = 106$, $106 + 6 = 112$

27 ①

- 앞의 항의 분모에 2^1, 2^2, 2^3, …… 을 더한 것이 다음 항의 분모가 된다.
- 앞의 항의 분자에 3^1, 3^2, 3^3, …… 을 더한 것이 다음 항의 분자가 된다.

따라서 $\dfrac{121 + 3^5}{33 + 2^5} = \dfrac{121 + 243}{33 + 32} = \dfrac{364}{65}$

28 ⑤

피자 1판의 가격을 x, 치킨 1마리의 가격을 y라고 할 때, 피자 1판의 가격이 치킨 1마리의 가격의 2배이므로 $x = 2y$가 성립한다.

피자 3판과 치킨 2마리의 가격의 합이 80,000원이므로, $3x + 2y = 80,000$이고

여기에 $x = 2y$를 대입하면 $8y = 80,000$이므로 $y = 10,000$, $x = 20,000$이다.

29 ④

ⓛ 남자 사원인 동시에 독서량이 5권 이상인 사람은 남자 사원 4명 가운데 '태호' 한 명이다. 1/4=25(%)이므로 옳지 않은 설명이다.

ⓒ 독서량이 2권 이상인 사원 가운데 남자 사원의 비율 : 3/5
  인사팀에서 여자 사원 비율 : 2/6
  전자가 후자의 2배 미만이므로 옳지 않은 설명이다.

ⓖ $\dfrac{\text{독서량}}{\text{전체 사원 수}} = \dfrac{30}{6} = 5$(권)이므로 옳은 설명이다.

ⓔ 해당되는 사람은 '나현, 주연, 태호'이므로 3/6=50(%)이다. 따라서 옳은 설명이다.

30 ②

65세 이상 인구수는 크게 변동이 없는 데 비해, 65세 미만 인구수는 5만여 명에서 64만여 명으로 크게 증가한 것을 알 수 있다.
① 65세 미만 인구수 역시 매년 꾸준히 증가하였다.
③ 2022년과 2023년에는 전년보다 감소하였다.
④ 2022년 이후부터는 5% 미만 수준을 계속 유지하고 있다.
⑤ 증가나 감소가 아닌 변화 전체를 묻고 있으므로 2019년(+351명), 2020년(+318명), 그리고 2022년(-315명)이 된다.

31 ④

① 고혈압 유병률은 2025년에 감소하였고, 당뇨 유병률은 2021년과 2024년에 감소하였다.
② 고혈압 유병률은 2020년과 2025년에는 1.7%, 2023년에는 1.6% 변동이 나타났다.
③ 당뇨 유병률의 변동은 2025년에 2%였다.
⑤ 기대수명은 2020년과 2025년만 0.5세의 변동이 나타났고, 그 외에는 0.5세 이하의 변동이 있었다.

32 ②

㈎ [○] A직업의 경우는 200명 중 35%이므로 $200 \times 0.35 = 70$명, C직업의 경우는 400명 중 25%이므로 $400 \times 0.25 = 100$명이 부모와 동일한 직업을 갖는 자녀의 수가 된다.

㈏ [○] B와 C직업 모두 75%($= 100 - 25$)로 동일함을 알 수 있다.

㈐ [×] A직업을 가진 자녀는 $(200 \times 0.35) + (300 \times 0.25) + (400 \times 0.25) = 245$명이며, B직업을 가진 자녀는 $(200 \times 0.2) + (300 \times 0.25) + (400 \times 0.4) = 275$명이다.

㈑ [○] 기타 직업을 가진 자녀의 수는 각각 $200 \times 0.05 = 10$명, $300 \times 0.15 = 45$명, $400 \times 0.1 = 40$명으로 B직업을 가진 부모가 가장 많다.

33 ③

C2*VLOOKUP(B2,$B$8:$C$10, 2, 0) 상품코드 별 단가가 수직(열)형태로 되어 있으므로, 그 단가를 가져오기 위해서는 VLOOKUP함수를 이용해야 되며, 상품코드 별 단가에 수량(C2)를 곱한다. $B$8:$C$10에서 단가는 2열이고 반드시 같은 상품코드 (B2)를 가져와야 되므로, 0 (False)를 사용하여 VLOOKUP (B2,$B$8:$C$10, 2, 0)처럼 수식을 작성해야 한다.

34 ③

MID(text, start_num, num_chars)는 텍스트에서 원하는 문자를 추출하는 함수이다. 주민등록번호가 입력된 [B1] 셀에서 8번째부터 1개의 문자를 추출하여 1이면 남자, 2면 여자라고 하였으므로 답이 ③이 된다.

35 ②

DSUM(데이터베이스, 필드, 조건 범위) 함수는 조건에 부합하는 데이터를 합하는 수식이다. 데이터베이스는 전체 범위를 설정하며, 필드는 보험실적 합계를 구하는 것이므로 "보험실적"으로 입력하거나 열 번호 4를 써야 한다. 조건 범위는 영업2부에 한정하므로 F1:F2를 써준다.

36 ①

㉠ 1회전

5	3	8	1	2

1	3	8	5	2

㉡ 2회전

1	3	8	5	2

1	2	8	5	3

37 ④

㉠ 1회전

55	11	66	77	22

11	55	66	77	22

㉡ 2회전

11	55	66	77	22

11	22	66	77	55

㉢ 3회전

11	22	66	77	55

11	22	55	77	66

38 ②

한 셀에 두 줄 이상 입력하려고 하는 경우 줄을 바꿀 때는 〈Alt〉+〈Enter〉를 눌러야 한다.

39 ①

- RFID : IC칩과 무선을 통해 식품·동물·사물 등 다양한 개체의 정보를 관리할 수 있는 인식 기술을 지칭한다. '전자태그' 혹은 '스마트 태그', '전자 라벨', '무선식별' 등으로 불린다. 이를 기업의 제품에 활용할 경우 생산에서 판매에 이르는 전 과정의 정보를 초소형 칩(IC칩)에 내장시켜 이를 무선주파수로 추적할 수 있다.
- 유비쿼터스 : 유비쿼터스는 '언제 어디에나 존재한다.'는 뜻의 라틴어로, 사용자가 컴퓨터나 네트워크를 의식하지 않고 장소에 상관없이 자유롭게 네트워크에 접속할 수 있는 환경을 말한다.
- VoIP : VoIP(Voice over Internet Protocol)는 IP 주소를 사용하는 네트워크를 통해 음성을 디지털 패킷(데이터 전송의 최소 단위)으로 변환하고 전송하는 기술이다. 다른 말로 인터넷전화라고 부르며, 'IP 텔레포니' 혹은 '인터넷 텔레포니'라고도 한다.

40 ④

수식에서 직접 또는 간접적으로 자체 셀을 참조하는 경우를 순환 참조라고 한다. 열려있는 통합 문서 중 하나에 순환 참조가 있으면 모든 통합 문서가 자동으로 계산되지 않는다. 이 경우 순환 참조를 제거하거나 이전의 반복 계산(특정 수치 조건에 맞을 때까지 워크시트에서 반복되는 계산) 결과를 사용하여 순환 참조와 관련된 각 셀이 계산되도록 할 수 있다.

41 ③

장변이 부담하는 하중을 P_1, 단변이 부담하는 하중을 P_2라고 가정한다. 우선 장변과 단변의 중앙점의 처짐은 동일하므로

$\dfrac{P_1 L^3}{48EI} = \dfrac{P_2 \left(\dfrac{L}{2}\right)^3}{48EI}$ 이며 $P_1 = 8P_2$ 임을 알 수 있다.

장변이 부담하는 하중은 $P_1 = \dfrac{1}{9}P$

단변이 부담하는 하중은 $P_2 = \dfrac{8}{9}P$

장변의 중앙점에 작용하는 휨모멘트 :

$\dfrac{P_1 \left(\dfrac{L}{2}\right)}{8} = \dfrac{PL}{36}$

단면의 중앙점에 작용하는 휨모멘트 : $\dfrac{P_2 L}{8} = \dfrac{PL}{9}$

42 ③

T형보의 유효폭은 다음 값 중 가장 작은 값으로 한다.

$b_e = 16t_f + b_w = 16 \times 12 + 30 = 222cm$

$b_e = (400 + 400)/2 = 400cm$

$b_e = 600/4 = 150cm$

가장 작은 값 $b_e = 150cm$

43 ①

커버플레이트(덧판플레이트)는 철골보의 플랜지 위에 얹혀지는 판재이다.

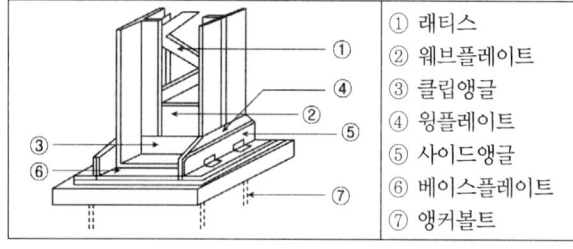

① 래티스	⑤ 사이드앵글
② 웨브플레이트	⑥ 베이스플레이트
③ 클립앵글	⑦ 앵커볼트
④ 윙플레이트	

44 ①

볼트중심 사이의 간격은 피치이다.
- 게이지라인 : 볼트의 중심선을 연결하는 선이다.
- 게이지 : 게이지라인과 게이지라인 사이의 거리이다.
- 피치 : 볼트 중심간의 거리이다.
- 그립 : 볼트로 접합하는 판의 총두께이다.
- 클리어런스 : 작업공간 확보를 위해서 볼트의 중심부터 볼팅팅하는데 장애가 되는 부분까지의 거리를 말한다.
- 연단거리 : 최외단에 설치한 볼트중심에서 부재끝까지의 거리를 말한다.

45 ③

보의 처짐은 보의 길이의 세제곱에 비례하므로 보의 길이가 2배가 되면 처짐은 23배가 된다.

46 ④

연약지반 기초에 관한 대책
㉠ 지하실을 설치한다.
㉡ 이웃 건물과 충분한 거리를 둔다.
㉢ 건물을 경량화하고 강성을 높인다.
㉣ 한 건물의 기초는 동일한 것으로 한다.
㉤ 건물 길이를 짧게 하고, 중량 분배를 고르게 한다.
㉥ 마찰 말뚝을 사용하고 경질지반에 기초를 지지한다.

47 ④

T형보의 유효폭 (다음 중 최솟값으로 한다.)
㉠ 슬래브 두께의 16배+보 폭
㉡ 양쪽 슬래브의 중심거리
㉢ 보의 경간의 1/4

48 ②

압축이형철근의 정착길이는 항상 200mm 이상이어야 한다.

49 ④

트러스는 비정형 구조체에도 도입될 수 있다. 한 예로 입체트러스(스페이스 프레임)구조는 거대한 곡면형상도 만들어낼 수 있다.

- 프랫트러스 : 경사재가 인장재이며 경사방향이 양단에서 중심으로 하향하는 트러스이다.
- 하우트러스 : 경사재가 압축재이며 경사방향이 양단에서 중심으로 상향하는 트러스이다.
- 와렌트러스 : 사재의 방향을 좌우 교대로 배치한 트러스이다.
- 비렌딜트러스 : 기본단위를 사각형의 격자형태로 구성한 트러스로서 경자새가 없다.

50 ④

가스트영향계수(G_f) … 바람의 난류로 인하여 발생되는 구조물의 동적 거동성분을 나타낸 값으로서 평균값에 대한 피크값의 비를 통계적으로 나타낸 계수이다.

51 ②

강구조는 열에 의한 변형이 쉽게 일어나므로 내화성이 좋지 않다.

52 ④

시스템 비계 최하부에 설치하는 수직재는 받침 철물의 조절너트와 밀착되도록 설치해야 하며 수직과 수평을 유지해야 한다. 이때, 수직재와 받침철물의 겹침길이는 받침철물 전체길이의 3분의 1 이상이 되도록 해야 한다.

53 ①

상세시공도면의 작성은 공사시공자가 맡는다.

※ 공사감리자의 감리업무
- ㉠ 공사시공자가 설계도서에 적합하게 시공하는지의 여부 확인
- ㉡ 건축자재가 기준에 적합한지의 여부 확인
- ㉢ 시공계획 및 공사관리의 적정여부 확인
- ㉣ 공정표 및 상세시공도면의 검토 및 확인
- ㉤ 구조물의 위치와 규격의 적정여부 검토 및 확인
- ㉥ 품질시험의 실시여부 및 시험성과 검토 및 확인
- ㉦ 설계변경의 적정여부 검토 및 확인
- ㉧ 공사현장에서의 안전관리 지도
- ㉨ 기타 공사감리계약으로 정하는 사항

54 ④

공사장 부지의 경계선으로부터 50m 이내에 주거·상가건물이 있는 경우에 공사현장 주위에 가설울타리는 최소 3m 이상으로 해야 한다.

55 ①

보기의 원인에 의해 발생하는 용접결함은 피트이다.

※ 용접결함
- ㉠ 언더컷 : 모재가 녹아 용착금속이 채워지지 않고 홈으로 남는 부분
- ㉡ 슬래그섞임(감싸들기) : 슬래그의 일부분이 용착금속 내에 혼입된 것
- ㉢ 블로홀 : 용융금속이 응고할 때 방출되어야 할 가스가 남아서 생긴 빈자리
- ㉣ 오버랩 : 용착금속과 모재가 융합되지 않고 단순히 겹쳐지는 것
- ㉤ 피트 : 작은 구멍이 용접부 표면에 생긴 것
- ㉥ 크레이터 : 용접 시 비드 끝단에 항아리 모양으로 오목하게 파인 것
- ㉦ 피시아이 : 용접작업 시 용착금속 단면에 생기는 작은 은색의 점
- ㉧ 크랙 : 용접 후 급냉되는 경우 생기는 균열
- ㉨ 오버행 : 상향 용접 시 용착금속이 아래로 흘러내리는 현상
- ㉩ 용입불량 : 용입깊이가 불량하거나 모재와의 융합이 불량한 것

56 ③

경량기포콘크리트는 무기질 소재를 주원료로 사용하며 내화성능이 매우 우수하다.

57 ④

특명입찰 … 건축주가 시공회사의 신용, 자산, 공사경력, 보유기자재 등을 고려하여 그 공사에 적격한 하나의 업체를 지명하여 입찰시키는 방법

58 ④

합성수지계 재료의 특징

㉠ 에폭시 수지
- 내수성, 내습성, 전기절연성, 내약품성이 우수, 접착력 강하다.
- 피막이 단단하나 유연성이 부족하다.
- 플라스틱, 도기, 유리, 목재, 천, 콘크리트 등의 접착제에 사용, 특히 금속재료에 우수하다.

㉡ 페놀수지
- 접착력, 내열성, 내수성이 우수하다.
- 합판, 목재제품에 사용, 유리·금속의 접착에는 부적당하다.

㉢ 초산비닐수지
- 작업성이 좋고, 다양한 종류의 접착에 알맞다.
- 목재가구 및 창호, 종이·천 도배, 논슬립 등의 접착에 사용된다.

㉣ 요소수지
- 값이 싸고 접착력이 우수, 집성목재, 파티클보드에 많이 쓰인다.
- 목재접합, 합판제조 등에 사용된다.

㉤ 멜라민수지
- 내수성, 내열성이 좋고 목재와의 접착성이 우수하다.
- 목재·합판의 접착제로 사용되며 유리·금속·고무접착에는 부적당하다.

㉥ 실리콘수지
- 특히 내수성이 옷, 내열성, 전기절연성이 우수하다.
- 유리섬유판, 텍스, 피혁류 등 모든 접착이 가능하며 방수제 등으로 사용된다.

㉦ 프란수지
- 내산성, 내알칼리성, 접착력이 좋다.
- 화학공장의 벽돌타일의 접착제로 사용된다.

59 ②

코어(Core)시험은 굳은 콘크리트로부터 시료를 채취하여 행하는 시험이다.

※ 굳지 않은 콘크리트의 시험
- ㉠ 슬럼프 시험 : 굳지 않은 콘크리트의 반죽질기를 측정하는 것으로 워커빌리티를 판단하기 위한 시험
- ㉡ 공기 함유량 시험 : 콘크리트의 워커빌리티, 강도, 내구성, 수밀성 및 단위용적질량 등에 공기량이 영향을 미치므로 콘크리트의 품질관리 및 적절한 배합설계에 이용된다.
- ㉢ 염화물 함유량 시험 : 굳지 않은 콘크리트에 함유되어 있는 염화물 함유량을 판단하기 위한 시험

60 ①

감잡이쇠는 평보와 왕대공의 보강에 사용되는 철물이며 안장쇠는 큰 보와 작은 보의 보강에 사용되는 철물이다.

61 ④

시멘트 액체방수는 콘크리트면에 도포하여 방수층을 형성하는 방법으로 지붕이나 외벽 등 외기에 노출되어 있는 부위에는 적합하지 않으며 바탕콘크리트의 침하, 경화 후의 건조수축, 균열 등 구조적 변형이 심한 부분에는 사용할 수 없다.

※ 아스팔트 방수와 시멘트 모르타르 방수의 비교

비교내용	아스팔트방수	시멘트 액체방수
바탕처리	바탕 모르타르 바름	다소 습윤 상태, 바탕 모르타르 불필요
외기의 영향	작다.	크다.
방수층 신축성	크다.	거의 없다.
균열발생정도	잔균열이 발생하나 비교적 안생기고 안전하다.	잘 생기며 비교적 굵은 균열이다.
방수층 중량	자체는 적으나 보호누름으로 커진다.	비교적 작다.
시공난이도	복잡하다.	비교적 적다.
보호누름	필요하다.	필요없다.
공사비	비싸다.	싸다.
방수성능	높다.	낮다.
재료취급성능	복잡하다.	간단하다.
결함부발견	어렵다.	쉽다.
보수비용	비싸다.	싸다.
방수층 마무리	불확실하고 난점이 있다.	확실하고 간단하다.
내구성	크다.	작다.

62 ②

② 밀스케일 : 압연강재가 냉각될 때 표면에 생기는 산화철 표피

① 스패터 : 용접 중 발생하는 슬래그 및 금속입자

63 ①

콘크리트 표준시방서에 따른 경량골재 콘크리트 배합 시 요구조건은 다음과 같다.

㉠ 물-결합재비의 최대값 : 60%

㉡ 단위시멘트량의 최소값 : $300kg/m^3$

㉢ 슬럼프 수치 : 50~180mm

㉣ 기건단위질량(경량골재 콘크리트 1종) : 1,700~2,000kg/m^3

㉤ 굵은 골재의 최대치수 : 20mm

㉥ 공기량 : 보통콘크리트 대비 1% 높게 권장

64 ①

문의 하부 발이 닿는 부분에 대하여 문짝이 손상되는 것을 방지하는 철물은 도어스톱이다.

※ 피벗힌지 … 용수철을 사용하지 않고 문장부식으로 된 힌지

65 ④

유리섬유는 강도는 크지만 내굴곡성과 내마찰성이 좋지 못하다.

※ 유리 섬유의 특징

• 높은 온도에 견디고 저흡습성을 가짐

• 햇빛, 진균류, 박테리아 등에 영향을 받지 않음

• 유기 섬유보다 내열성이 높고 불연성

• 부식 방지, 우수한 단열 및 방음

• 높은 인장 강도

• 우수한 전기 절연성

• 유리 섬유의 단점

• 부서지기 쉽고 내마모성이 떨어짐

• 눈과 피부, 그리고 호흡기에 자극을 줄 수 있음

• 분말을 흡입하면 일시적으로 기침과 같은 증세가 나타날 수 있음

66 ①

주입공법은 주입구멍을 천공한 후 주입파이프를 설치하여 깊이 200mm 정도로 저점도의 에폭시 수지를 밀봉재로 주입하는 공법이다.

67 ①

실내의 투시도는 1소점 투시도가 가장 적합하며 많이 쓰인다.

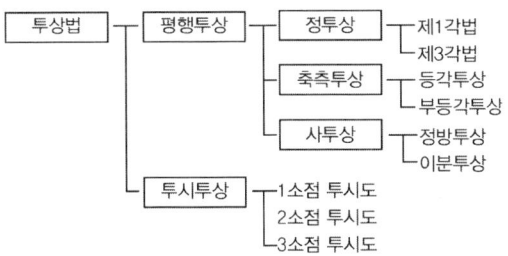

68 ④

실시설계도는 건축허가신청에 필요한 기본설계도서에 해당되지 않는다.

69 ②

건축제도에서의 치수의 단위는 mm를 기준으로 한다.

70 ③

중심선, 절단선, 기준선, 경계선, 참고선 등의 표시에는 1점 쇄선을 사용한다.

71 ②

블리딩의 영향에 의해 수평철근의 부착강도는 수직철근의 부착강도보다 작게 된다. 이는 수평철근의 아래 측에 공극이 생기게 되고, 이 부분에서는 콘크리트와의 부착이 제대로 되지 않기 때문이다.

※ 블리딩 … 타설된 콘크리트에 있어서 시멘트나 골재가 침강하고, 물이 상승하여 상면에 모이는 현상

• 진동다짐의 경우 공극이 줄어들게 되어 부착강도가 증가한다.

- 물시멘트비가 작을수록 부착강도가 증가한다.
- 정착길이가 클수록 부착강도가 증가한다.
- 부식도 약 2%까지는 부착강도가 증가하나 이후에는 감소한다.

72 ①

콘크리트 발생시기에 따른 균열의 원인

㉠ 콘크리트 경화 전 균열의 원인 : 거푸집의 변형, 진동 또는 충격, 소성수축, 소성침하, 수화열, 거푸집과 지주의 조기제거

- 소성수축균열 : 생콘크리트가 최종 형상을 유지하는 소성 상태에서 수분증발에 의해 수축하는 현상. 블리딩 속도보다 표면증발속도가 더 빠른 경우 발생되는 표면수축에 의한 균열
- 침하균열 : 다짐을 완료한 후 콘크리트 압밀에 의해 침하에 의한 균열이다.
- 자기수축균열 : 수화반응으로 혼합수가 소비되면서 내부 건조화에 의해 체적이 수축하는 현상

㉡ 콘크리트 경화 후 균열의 원인 : 건조수축, 크리프수축, 알칼리 골재반응, 탄화수축

- 건조수축 : 굳은 콘크리트 속에 들어있는 Gel상의 자유수가 증발하면서 콘크리트의 체적이 줄어드는 현상으로 균열을 동반한다.
- 온도균열 : 강도발현이 불충분한 시기에 표면과 내부의 온도차에 의한 응력에 의한 균열
- 알칼리골재반응균열 : 알칼리골재반응에 의해 생성된 팽창성 물질에 의한 균열
- 동결융해균열 : 시멘트 내부에 있던 물이 동결팽창수축을 반복하여 발생하는 균열

73 ②

응회암은 강도가 매우 약하여 골재로서는 부적합하다.

※ 응회암(Tuff) ··· 화산재가 쌓여서 암석화 작용을 받은 퇴적암으로서 다공질이며, 주로 장식재료로 사용된다. 화산에서 분출된 후 운반작용을 받지 못하고 바로 퇴적되었으므로 분급도(퇴적물의 입도분포 범위와 그 분산정도를 표현한 것)와 원마도(풍화생성물인 다양한 암편들이 하천 등에 의해 운반되는 과정에서 그 모서리가 둥글게 되어가는데 그 둥근 정도)가 매우 좋지 않다.

화산암 : 화성암의 종류 중 하나로 마그마가 지표에 분출되어 식어 만들어진 암석으로 냉각속도가 빠르고 결정의 크기가 미세한 세립질 또는 유리질 조직을 갖는다.

74 ④

로이유리 ··· 열적외선을 반사하는 은소재 도막으로 코팅하여 방사율과 열관류율을 낮추고 가시광선 투과율을 높인 유리

75 ①

품질관리도구의 종류

㉠ 파레토도 : 불량, 결점, 고장 등의 발생건수, 또는 손실금액을 항목별로 나누어 발생빈도의 순으로 나열하고 누적합도 표시한 그림이다.

㉡ 히스토그램 : 치수, 무게, 강도 등 계량치의 Data들이 어떤 분포를 하고 있는지를 보여준다.

㉢ 특성요인도 : 생선뼈 그림이라고도 하며 결과에 대해 원인이 어떻게 관계하는지를 알기 쉽게 작성하였다.

㉣ 산포도 : 서로 대응되는 2개의 데이터의 상관관계를 용지 위에 점으로 나타낸 것

㉤ 체크시이트 : 계수치의 데이터가 분류항목의 어디에 집중되어 있는지 알아보기 쉽게 나타낸 그림이나 표를 말한다.

㉥ 층별 : 집단을 구성하는 많은 Data를 어떤 특징에 따라 몇 개의 부분 집단으로 나누는 것을 말한다.

76 ③

줄눈의 간격 5mm를 고려하면 타일 1개를 붙이기 위해 필요한 면적은 $(0.108+0.005)^2[m]$이므로 $6m^2$에 필요한 타일의 정미수량은

$$\frac{6}{(0.108+0.005)^2}=469.88[장]$$

※ 정미수량 ··· 공사에 필요한 순수 수량 (할증이 붙지 않은 수량)

77 ①

도장거리는 스프레이 도장면에서 300mm를 표준으로 하고 압력에 따라 가감한다.

79 ②

정벌바름용 반죽은 물과 혼합한 후 12시간 정도 지난 다음 사용하는 것이 바람직하다.

78 ③

총공사비 (견적가격)	부가 이윤				
	총원가	일반 관리 비 부 담금			
		공사 원가	현장 경비		
			순공 사비	간접 공사비 (공통경비)	
				직접 공사비	재료비
					노무비
					외주비
					직접경비

80 ②

가치공학 수행계획의 4단계 : 정보(Informative)-고안(Speculative)-분석(Analytical)-제안(Proposal)

>> 직업기초능력평가(40문항)

1 ③

어간의 끝음절 '하'가 아주 줄 적에는 준 대로 적는다〈한글 맞춤법 제40항 붙임2〉.
① 윗층 → 위층
② 뒷편 → 뒤편
④ 생각컨대 → 생각건대
⑤ 윗어른 → 웃어른

2 ①

② 철수 뿐이다 → 철수뿐이다
③ 떠난지 → 떠난 지
④ 애 쓴만큼 → 애쓴 만큼
⑤ 대문밖에서 → 대문 밖에서

3 ④

① 초콜렛 → 초콜릿
② 컨셉 → 콘셉트
③ 악세사리 → 액세서리
⑤ 심포지움 → 심포지엄

4 ③

첫 번째 문단에서 문제를 알면서도 고치지 않았던 두 칸을 수리하는 데 수리비가 많이 들었고, 비가 새는 것을 알자마자 수리한 한 칸은 비용이 많이 들지 않았다고 하였다. 또한 두 번째 문단에서 잘못을 알면서도 바로 고치지 않으면 자신이 나쁘게 되며, 잘못을 알자마자 고치기를 꺼리지 않으면 다시 착한 사람이 될 수 있다하며 이를 정치에 비유해 백성을 좀먹는 무리들을 내버려 두어서는 안 된다고 서술하였다. 따라서 글의 중심내용으로는 잘못을 알게 되면 바로 고쳐 나가는 것이 중요하다가 적합하다.

5 ①

주어진 글은 비자발적 행위와 자발적 행위의 상반된 특성에 대해 말하고 있으므로 빈칸에는 ①이 가장 적절하다.

6 ①

② 침묵이나 부작위는 그 자체만으로 승낙이 되지 않는다.
③ 청약자가 지정한 기간 내에 동의의 의사표시가 도달하지 않으면 승낙의 효력이 발생하지 않는다.
④ 청약은 계약이 체결되기까지는 철회될 수 있다.
⑤ 청약은 상대방에게 도달한 때에 효력이 발생한다.

7 ⑤

⑤ 1712년의 법령 반포 이후 지방에서 조세를 징수하는 관료들은 고정된 인두세 총액을 토지세 총액에 병합함으로써 인두세를 토지세에 부가하는 형태로 징수하는 조세 개혁을 추진하기 시작했다.

8 ②

단순히 하천수 사용료의 문제점을 제시한 것이 아니라, 그에 대한 구체적인 대안과 사용료 부과 및 징수를 위한 실효성을 확보해야 한다는 의견이 제시되어 있으므로 문제점 지적을 넘어 전향적인 의미를 지닌 제목이 가장 적절할 것이다.
또한, 제시글은 하천의 관리를 언급하는 것이 아닌, 하천수 사용료에 대한 개선방안을 다루고 있으며, 하천수 사용료의 현실화율이나 지역 간 불균형 등의 요금체계 자체에 대한 내용을 소개하고 있지는 않다.

9 ③

B가 성능이 떨어지는 제품이므로, 다음과 같은 네 가지 경우가 가능하다.

㉠ A > B ≥ C
㉡ A > C ≥ B
㉢ C > A ≥ B
㉣ C > B ≥ A

성능이 가장 좋은 제품은 성능이 떨어지는 두 종류의 제품 가격의 합보다 높으므로, 가격이 같을 수가 없지만, 성능이 떨어지는 두 종류의 제품 가격은 서로 같을 수 있다.

① ㉣의 경우 가능하다.
② ㉢의 경우 가능하다.
④ ㉢, ㉣의 경우 가능하다.
⑤ ㉠, ㉡의 경우 가능하다.

10 ④

㉠ 선박을 보면 A국 전체 수출액에서 차지하는 비중이 5.0 → 4.0 → 3.0 으로 매년 줄어드는 데 세계수출시장에서 A국의 점유율은 매번 1.0으로 동일하다. 이는 세계수출시장 규모가 A국 선박비중의 감소율만큼 매년 감소한다는 것을 나타낸다.

㉡ 백색가전의 세부 품목별 수출액 비중에서 드럼세탁기의 비중은 매년 18.0으로 동일하나, 전체 수출액에서 차지하는 백색가전의 비중은 13.0 → 12.0 → 11.0로 점점 감소한다.

㉢ 점유율이 전년대비 매년 증가하지 않고 변화가 없거나 감소하는 품목도 있다.

㉣ A국의 전체 수출액을 100으로 보면 항공기의 경우 2025년에는 3이다. 3이 세계수출시장에서 차지하는 비중이 0.1%이므로 A국 항공기 수출액의 1,000배로 볼 수 있다. 항공기 세계수출시장의 규모는 3×1,000=3,000이므로 A국 전체 수출액의 30배가 된다.

11 ④

① 시청에 근무하는 4급 공무원의 경우 지방직 공무원으로 재산등록 의무자이나 동생은 친족의 범위에 해당하지 않는다.

② 시장은 지방자치단체장으로서 정무직 공무원에 해당하나 본인의 직계비속 중 혼인한 여성의 경우 등록대상 친족의 범위에 포함되지 않으므로 등록대상이 아니다.

③ 도지사 또한 시장과 마찬가지로 정무직 공무원이다. 지식재산권의 경우 소유자별 연간 1천만 원 이상의 소득이 있어야 하므로 등록대상이 아니다.

④ 정부부처 4급 공무원 상당의 보수를 받는 별정직 공무원의 아들이 소유한 승용차는 제한 없이 등록대상이 된다.

⑤ 이혼한 전처는 배우자에 해당되지 않으므로 등록대상이 아니다.

12 ③

제시된 내용을 표로 정리하면

구분	경기장 개수	최대 수용인원	좌석 점유율	경기당 관중수
대도시	5	3만 명	60%	1.8만 명
중소도시	5	2만 명	70%	1.4만 명

① 16만 명은 10개 경기장에서 모두 경기가 열리는 경우의 관중수이다. 매일 5개 경기장에서 각각 한 경기가 열린다고 하였으므로, 1일 최대 관중수는 대도시 경기장 5개에서 모두 경기가 열리는 경우의 9만 명이다.

② 중소도시 경기장의 좌석 점유율이 10% 높아지더라도 경기당 관중수는 1.6만 명 밖에 되지 않으므로 여전히 대도시 경기장 한 곳의 관중수 보다는 적다.

③ 경기가 열리는 경기장에서는 하루에 한 경기만 열리며, 각 경기장에서 열리는 경기 횟수는 모두 동일하므로 한 시즌 전체 누적 관중수는 각 경기장의 경기당 관중수 합계에 비례하는 관계가 성립한다. 올해 시즌의 경우 각 경기장의 경기당 관중수 합계는 16만 명 [5×(1.8+1.4)]이다. 내년 시즌부터 4개의 대도시와 6개의 중소도시에서 경기가 열린다는 것은 올해와 비교했을 때 대도시 경기장 중 하나가 중소도시 경기장으로 바뀌는 것과 같으므로 관중수 합계는 0.4만 명이 줄어든다. 감소율은 2.5% $\left(\dfrac{0.4}{16}\times100\right)$가 된다.

④ 대도시 경기장의 좌석 점유율이 중소도시 경기장과 같은 70%이고, 최대수용인원은 그대로라면, 대도시 경기장의 경기당 관중수는 2.1만 명이 된다. 따라서 이 경우 ○○리그의 1일 평균 관중수는 최대 10.5만 명이 되므로 11만 명을 초과할 수 없다.

⑤ 중소도시 경기장의 최대수용인원이 대도시 경기장과 같은 3만 명이고 좌석 점유율이 그대로라면, 중소도시 경기장이 경기당 관중수는 2.1만 명이 된다. ○○리그의 1일 평균 관중수는 역시 11만 명을 초과할 수 없다.

13 ①

임 사원을 제외한 모두가 2년에 1일 씩 연차가 추가되므로 각 직원의 연차발생일과 남은 연차일, 통상임금, 연차수당은 다음과 같다.

김 부장 : 25일, 6일, $500 \div 200 \times 8 = 20$만 원,
$6 \times 20 = 120$만 원

정 차장 : 22일, 15일, $420 \div 200 \times 8 = 16$만 원,
$15 \times 16 = 240$만 원

곽 과장 : 18일, 4일, $350 \div 200 \times 8 = 14$만 원,
$4 \times 14 = 56$만 원

남 대리 : 16일, 11일, $300 \div 200 \times 8 = 12$만 원,
$11 \times 12 = 132$만 원

임 사원 : 15일, 12일, $270 \div 200 \times 8 = 10$만 원,
$12 \times 10 = 120$만 원

따라서 김 부장과 임 사원의 연차수당 지급액이 동일하다.

14 ⑤

보기의 명제를 대우 명제로 바꾸어 정리하면 다음과 같다.

a. ~인사팀 → 생산팀(~생산팀 → 인사팀)

b. ~기술팀 → ~홍보팀(홍보팀 → 기술팀)

c. 인사팀 → ~비서실(비서실 → ~인사팀)

d. ~비서실 → 홍보팀(~홍보팀 → 비서실)

이를 정리하면 '~생산팀 → 인사팀 → ~비서실 → 홍보팀 → 기술팀'이 성립하고 이것의 대우 명제인 '~기술팀 → ~홍보팀 → 비서실 → ~인사팀 → 생산팀'도 성립하게 된다. 따라서 이에 맞는 결론은 보기 ⑤의 '생산팀을 좋아하지 않는 사람은 기술팀을 좋아한다.' 뿐이다.

15 ⑤

다섯 사람 중 A와 B가 동시에 가장 먼저 작업을 하러 나가게 되었으며, C와 D는 A와 B보다 늦게 작업을 하러 나가게 되었음을 알 수 있다. 따라서 다섯 사람의 순서는 E의 순서를 변수로 다음과 같이 정리될 수 있다.

㉠ E가 두 번째로 작업을 하러 나가게 되는 경우

첫 번째	두 번째	세 번째	네 번째
A, B	E	C 또는 D	C 또는 D

㉡ E가 세 번째로 작업을 하러 나가게 되는 경우

첫 번째	두 번째	세 번째	네 번째
A, B	C 또는 D	E	C 또는 D

따라서 E가 C보다 먼저 작업을 하러 나가게 될 수 있으므로 ⑤와 같은 주장은 옳지 않다.

16 ③

조건대로 고정된 순서를 정리하면 다음과 같다.

· B 차장 → A 부장

· C 과장 → D 대리

· E 대리 → ? → ? → C 과장

따라서 E 대리 → ? → ? → C 과장 → D 대리의 순서가 성립하며, 이 상태에서 경우의 수를 따져보면 다음과 같다.

㉠ B 차장이 첫 번째인 경우라면, 세 번째와 네 번째는 A 부장과 F 사원(또는 F 사원과 A 부장)이 된다.

㉡ B 차장이 세 번째인 경우는 E 대리의 바로 다음인 경우와 C 과장의 바로 앞인 두 가지의 경우가 있을 수 있다.

- E 대리의 바로 다음인 경우 : A 부장 - E 대리 - B 차장 - F 사원 - C 과장 - D 대리의 순이 된다.

- C 과장의 바로 앞인 경우 : E 대리 - F 사원 - B 차장 - C 과장 - D 대리 - A 부장의 순이 된다.

따라서 위에서 정리된 바와 같이 가능한 세 가지의 경우에서 두 번째로 사회봉사활동을 갈 수 있는 사람은 E 대리와 F 사원 밖에 없다.

17 ④

위 사례는 저돌적인 고객의 유형으로 자신의 방법만이 최선이라 생각하고 타인의 피드백은 받아들이려 하지 않는다. 또한 이러한 상황의 경우 직원에게 하는 것이 아닌 회사의 서비스에 대해 항의하는 것이므로 일선 직원의 경우 이를 개인적인 것으로 받아들여 논쟁을 하거나 화를 내는 일이 없어야 하며 상대의 화가 풀릴 때까지 이야기를 경청해야 한다. 또한 부드러운 분위기를 연출하며 정성스럽게 응대해 고객 스스로가 감정을 추스릴 수 있도록 유도해야 한다.

18 ⑤

OJT는 종업원이 업무에 대한 기술 및 지식을 현업에 종사하면서 감독자의 지휘 하에 훈련받는 현장실무 중심의 교육훈련 방식이므로 각 종업원의 습득 및 능력에 맞춰 훈련할 수 있으며, 상사 또는 동료 간의 이해 및 협조정신을 높일 수 있다는 이점이 있다.

19 ①

〈사례2〉에서 희진은 자신의 업무에 대해 책임감을 가지고 일을 했지만 〈사례1〉에 나오는 하나는 자신의 업무에 대한 책임감이 결여되어 있다.

20 ⑤

빈정거리는 유형의 고객은 상대에 대해서 빈정거리거나 또는 무엇이든 반대하는 열등감 또는 허영심이 강하고 자부심이 강한 사람이다.

21 ⑤

상보성은 자신들의 결여된 특성을 지니고 있는 타인에게 매력을 느끼는 경향이 있는 것을 의미한다.

22 ②

현재 동신과 명섭의 팀에게 가장 필요한 능력은 팀워크능력이다.

23 ②

이 과장은 상대방 측 대표들과 만나서 현재 상황과 이들이 원하는 주장이 무엇인지를 파악한 후 김 실장에게 협상이 가능한 안건을 제시한 것이므로 실질이해 전 단계인 상호이해단계로 볼 수 있다.

※ 협상과정의 5단계

   ㉠ 협상시작 : 협상 당사자들 사이에 친근감을 쌓고, 간접적인 방법으로 협상 의사를 전달하며 상대방의 협상 의지를 확인하고 협상 진행을 위한 체계를 결정하는 단계이다.

   ㉡ 상호이해 : 갈등 문제의 진행 상황과 현재의 상황을 점검하고 적극적으로 경청하며 자기주장을 제시한다. 협상을 위한 협상안건을 결정하는 단계이다.

   ㉢ 실질이해 : 겉으로 주장하는 것과 실제로 원하는 것을 구분하여 실제 원하는 것을 찾아내고 분할과 통합기법을 활용하여 이해관계를 분석하는 단계이다.

   ㉣ 해결방안 : 협상 안건마다 대안들을 평가하고 개발한 대안들을 평가하며 최선의 대안에 대해 합의하고 선택한 후 선택한 대안 이행을 위한 실행 계획을 수립하는 단계이다.

   ㉤ 합의문서 : 합의문을 작성하고 합의문의 합의 내용 및 용어 등을 재점검한 후 합의문에 서명하는 단계이다.

24 ③

고객 불만 처리 프로세스
경청 → 감사와 공감표시 → 사과 → 해결약속 → 정보파악 → 신속처리 → 처리확인과 사과 → 피드백

25 ③

• 앞의 두 항의 분모를 곱한 것이 다음 항의 분모가 된다.
• 앞의 두 항의 분자를 더한 것이 다음 항의 분자가 된다.

따라서 $\dfrac{2+3}{6\times18} = \dfrac{5}{108}$

26 ②

전항의 일의 자리 숫자를 전항에 더한 결과 값이 후항의 수가 되는 규칙이다.
93+3=96, 96+6=102, 102+2=104, 104+4=108, 108+8=116

27 ③

각 조합의 세 개의 숫자 중, 첫 번째와 두 번째 숫자의 십의 자리와 일의 자리 수를 바꾸어 두 수를 더하면 세 번째 숫자가 된다. $72 + 34 = 106$, $21 + 53 = 74$, $15 + 19 = 34$, $6 + 18 = 24$, 따라서 $22 + 21 = 43$이 된다.

28 ②

합격자 120명 중, 남녀 비율이 $7:5$이므로 남자는 $120 \times \frac{7}{12}$명이 되고, 여자는 $120 \times \frac{5}{12}$가 된다. 따라서 남자 합격자는 70명, 여자 합격자는 50명이 된다. 지원자의 남녀 성비가 $5:4$이므로 남자를 $5x$, 여자를 $4x$로 치환할 수 있다. 이 경우, 지원자에서 합격자를 빼면 불합격자가 되므로 $5x - 70$과 $4x - 50$이 $1:1$이 된다. 따라서 $5x - 70 = 4x - 50$이 되어, $x = 20$이 된다. 그러므로 총 지원자의 수는 남자 100명($=5 \times 20$)과 여자 80명($=4 \times 20$)의 합인 180명이 된다.

29 ⑤

전체 기업 수의 약 99%에 해당하는 기업은 중소기업이며, 중소기업의 매출액은 1,804조 원으로 전체 매출액의 약 $37.9\%(= \frac{1,804}{2,285 + 671 + 1,804} \times 100)$를 차지하여 40%를 넘지 않는다.
① 대기업이 매출액, 영업이익 모두 가장 높은 동시에, 기업군에 속한 기업 수가 가장 적으므로 1개 기업당 매출액과 영업이익 실적이 가장 높게 나타난다.

30 ④

㉠ 총 투입시간 = 투입인원 × 개인별 투입시간
㉡ 개인별 투입시간 = 개인별 업무시간 + 회의 소요시간
㉢ 회의 소요시간 = 횟수(회) × 소요시간(시간/회)
∴ 총 투입시간 = 투입인원 × (개인별 업무시간 + 횟수 × 소요시간)
각각 대입해서 총 투입시간을 구하면,
$A = 2 \times (41 + 3 \times 1) = 88$, $B = 3 \times (30 + 2 \times 2) = 102$
$C = 4 \times (22 + 1 \times 4) = 104$, $D = 3 \times (27 + 2 \times 1) = 87$

업무효율 $= \frac{\text{표준 업무시간}}{\text{총 투입시간}}$이므로, 총 투입시간이 적을수록 업무효율이 높다. D의 총 투입시간이 87로 가장 적으므로 업무효율이 가장 높은 부서는 D이다.

31 ②

㉠ A의 최대보상금액 : 3,800만 원 + 1,500만 원 = 5,300만 원
 E의 최대보상금액 : 1,000만 원 + 700만 원 = 1,700만 원
㉡ B의 최대보상금액 : 1억 1,300만 원 + 300만 원 = 1억 1,600만 원
 B의 최소보상금액 : 1억 1,600만 원 × 50% = 5,800만 원 → 감액된 경우 가정
㉢ C의 최소보상금액 : (1,000만 원 + 2,100만 원) × 50% = 1,550만 원 → 감액된 경우 가정
㉣ B의 최대보상금액은 1억 1,600만 원이고, 다른 4명의 최소보상금액의 합은 1억 200만 원(A 2,650만 원, C 1,550만 원, D 4,300만 원, E 1,700만 원)이다.

32 ③

감면액이 50%일 경우 최소보상금액은 5,800만 원이고, 감면액이 30%일 경우 최소보상금액은 8,120만 원이므로 2,320만 원이 증가한다.

33 ③

'#NULL!'은 교차하지 않은 두 영역의 교차점을 참조 영역으로 지정하였을 경우 발생하는 오류 메시지이며, 잘못된 인수나 피연산자를 사용했을 경우 발생하는 오류 메시지는 #VALUE! 이다.

34 ⑤

'$'는 다음에 오는 셀 기호를 고정값으로 묶어 두는 기능을 하게 된다. A6 셀을 복사하여 C6 셀에 붙이게 되면, 'A'셀이 고정값으로 묶여 있어 (A)에는 A6 셀과 같은 '$A$1+$A2'의 값 10이 입력된다. (B)에는 '$'로 묶여 있지 않은 2행의 값 대신에 4행의 값이 대응될 것이다. 따라서 '$A$1+$A4'의 값인 9가 입력된다. 따라서 (A)와 (B)의 합은 19가 된다.

35 ②

제시된 내용은 엑셀에서 제공하는 스파크라인 기능에 대한 설명이다.

36 ③

COUNTBLANK 함수는 비어있는 셀의 개수를 세어준다. COUNT 함수는 숫자가 입력된 셀의 개수를 세어주는 반면 COUNTA 함수는 숫자는 물론 문자가 입력된 셀의 개수를 세어준다. 즉, 비어있지 않은 셀의 개수를 세어주기 때문에 이 문제에서는 COUNTA 함수를 사용해야 한다.

37 ①

LOOKUP은 LOOKUP(찾는 값, 범위 1, 범위 2)로 작성하여 구한다.
VLOOKUP은 범위에서 찾을 값에 해당하는 열을 찾은 후 열 번호에 해당하는 셀의 값을 구하며, HLOOKUP은 범위에서 찾을 값에 해당하는 행을 찾은 후 행 번호에 해당하는 셀의 값을 구한다.

38 ④

$n=1$, $A=3$
$n=1$, $A=2 \cdot 3$
$n=2$, $A=2^2 \cdot 3$
$n=3$, $A=2^3 \cdot 3$
…
$n=11$, $A=2^{11} \cdot 3$
∴ 출력되는 A의 값은 $2^{11} \cdot 3$이다.

39 ②

ROUND(number,num_digits)는 반올림하는 함수이며, ROUNDUP은 올림, ROUNDDOWN은 내림하는 함수이다. ROUND(number,num_digits)에서 number는 반올림하려는 숫자를 나타내며, num_digits는 반올림할 때 자릿수를 지정한다. 이 값이 0이면 소수점 첫째자리에서 반올림하고 −1이면 일의자리 수에서 반올림한다. 따라서 주어진 문제는 소수점 첫째자리에서 반올림하는 것이므로 ②가 답이 된다.

40 ①

RANK(number,ref,[order]) : number는 순위를 지정하는 수이므로 B2, ref는 범위를 지정하는 것이므로 \$B\$2:\$B\$8이다. oder는 0이나 생략하면 내림차순으로 순위가 매겨지고 0이 아닌 값을 지정하면 오름차순으로 순위가 매겨진다.

≫ 건축일반(40문항)

41 ⑤

- 스캘럽(Scallop) : 철골부재의 용접 시 이음 및 접합부위의 용접선의 교차로 재 용접된 부위가 열영향을 받아 취약해짐을 방지하기 위하여 모재에 부채꼴 모양으로 모따기를 한 것
- 엔드탭(End Tap) : 강구조에서 용접선 단부에 붙인 보조판으로 아크의 시작이나 종단부의 크레이터 등의 결함을 방지하기 위해 붙이는 판
- 블로우홀, 크레이터 등은 용접결함의 일종이다.

42 ③

지하수의 간극수압의 계측은 간극수압계(Piezometer)를 사용한다.

※ 흙막이 벽의 계측관리 항목과 측정기기
- 인접구조물의 기울기측정 : tilt meter, transit
- 인접구조물의 균열측정 : crack gauge
- 지중수평변위의 계측 : inclinometer
- 지중수직변위의 계측 : extension meter
- 지하수위의 계측 : water level meter
- 간극수압의 계측 : piezometer
- Strut 부재응력측정 : load cell
- 토압측정 : soil pressure gauge
- 지표면 침하측정 : level & staff
- 소음측정 : sound level meter
- 진동측정 : vibrometer

43 ①

공사비편차(Cost Variance) : 달성가치(Earned Value)를 기준으로 원가관리를 시행할 때 실제투입원가와 계획된 일정에 근거한 진행성과의 차이를 의미하는 용어

44 ①

- 기경성재료 : 진흙질, 회반죽, 돌로마이트 플라스터, 마그네시아시멘트, 아스팔트모르타르
- 수경성재료 : 순석고 플라스터, 경석고 플라스터, 혼합석고 플라스터, 시멘트 모르타르

45 ③

겨울철이 여름철보다 백화발생빈도가 높다.

※ 백화현상의 정의와 반응식
- 백화현상 : 백태라고도 하며 벽에 침투하는 빗물에 의해서 모르타르 중의 석회분이 공기중의 탄산가스와 결합하여 벽돌이나 조적벽면에 흰가루가 돋는 현상
- 백화현상의 반응식은 $Ca(OH)_2 + H_2O$ $-\rangle CaCO_3 + CO_2$이다.

46 ①

PMV(예상온열감)
- ㉠ 온열환경에 대한 인체의 쾌적성을 평가하는 지표를 말한다.
- ㉡ 착의량, 수증기분압, 평균복사온도를 산출에 이용한다.
- ㉢ 0을 쾌적기준으로 하여 (−)는 추운 정도, (+)는 더운 정보를 나타낸다.

47 ②

다음의 기준에 따라 직경 24mm 고력볼트의 표준구멍직경은 건축구조물의 경우 27mm이다. (다음의 표 참고)

	직경(D)	구멍의 여유 폭
고력볼트	M24 미만 ($D < 24$)	$D + 2.0\,mm$
	M24 이상 ($D \geq 24$)	$D + 3.0\,mm$

48 ③

밑면전단력 $V = C_s \cdot W$

유효건물중량 W

지진응답계수 $C_s = \dfrac{S_{D1}I_E}{RT}$

여기서, S_{D1} : 1초 주기의 설계스펙트럼 가속도

I_E : 중요도계수

R : 반응수정계수

T : 건물의 고유주기

49 ①

커버 플레이트(덧판 플레이트)는 철골보의 플랜지 위에 얹혀지는 판재이다.

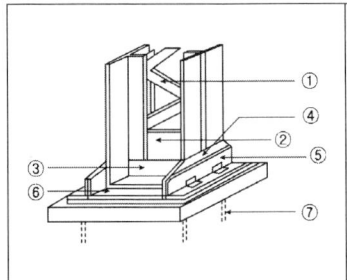

① 래티스
② 웨브플레이트
③ 클립앵글
④ 윙플레이트
⑤ 사이드앵글
⑥ 베이스플레이트
⑦ 앵커볼트

50 ④

철근의 부식방지를 위해 굳지 않은 콘크리트의 전체 염소이온량은 원칙적으로 $0.3kg/m^3$ 이하로 한다. (단, 책임구조기술자의 승인을 받는 경우 $0.6kg/m^3$ 이하까지 허용할 수 있다.)

51 ③

3개의 부재가 모이는 절점에 외력에 직접 작용하지 않는 경우 동일 직선상에 놓여 있는 두 부재의 부재력은 같고 다른 한 부재의 부재력은 0이 된다.
AC부재와 BE부재는 외력에 의해 부재력이 발생한다.
절점 F를 기준으로 AF와 BF의 부재력은 동일하며 DF의 부재력은 0이다.
절점 D를 기준으로 CD와 DE의 부재력은 동일하며 AD부재의 부재력과 AB부재의 부재력은 0이 된다.

52 ②

열가소성 수지와 열경화성 수지

㉠ 열가소성 수지 : 열을 받으면 다시 연화되고 상온에서 다시 경화되는 성질을 가진다. 폴리에틸렌수지, 아크릴수지, 폴리스티렌수지, 염화비닐수지, 초산비닐수지, 불소수지

㉡ 열경화성 수지 : 열을 한 번 받아서 경화되면 다시 열을 가해도 연화되지 않는다. 페놀수지, 요소수지, 멜라민수지, 폴리에스테르수지, 에폭시수지, 실리콘수지, 우레탄수지, 푸란수지

53 ②

벽외면에서 45cm 거리의 지면에서 건축물 높이까지의 외주면적으로 한다. 평면도 상에서 둘레의 길이와 입면도 상의 높이값을 곱한 값이 외줄비계의 면적이므로
$10[2(10+2 \cdot 0.45)+2(5+2 \cdot 0.45)]=336m^2$

54 ③

통줄눈은 치장줄눈이 아니라 조적벽체를 쌓는 방식에 의해 발생하는 줄눈이다.

55 ②

일반경쟁입찰의 업무순서 … 입찰공고 → 참가등록 → 현장설명 → 견적 → 입찰등록 → 입찰 → 개찰 및 낙찰 → 계약

56 ④

홀딩 도어 … 실의 크기 조절이 필요한 경우 칸막이 기능을 하기 위해 만든 병풍 모양의 문

57 ①

부식성이 큰 것부터 나열하면 알루미늄 > 철 > 주석 > 구리의 순이 된다.

58 ②

불투명한 도장일 때에는 초벌, 재벌, 정벌 각각을 서로 다른 색으로 시공해야 한다. (초벌, 재벌, 정벌을 구분하기 위함)

59 ①

명세견적(明細見積) : 완성된 설계도서로 명확한 수량을 산출 집계한 후 공사의 실제 상황에 맞는 적절한 단가로 정밀하게 산출하는 방법
개산견적(槪算見積) : 공사에 필요한 재료 수량이나 노무 수량을 상세하게 산출하지 않고 과거의 공사 실적 자료 등에서 공사비를 개략적으로 작성하는 적산 방법
예산견적 : 발주자가 초기에 공사를 기획하는 단계에서 대략적으로 필요한 비용을 산출하기 위한 견적이다.

설계견적 : 개략적인 예산을 결정한 뒤 예산범위 안에서 설계자에게 설계를 의뢰하게 되는데 이 설계단계에서 이루어지는 견적이다.

실시견적 : 낙찰자가 선정된 후 공사계약에 의해 공사비가 결정되고 나서 실제 공사를 수행하기 위해 수급자가 수행하는 견적이다.

60 ③

① 보통 수압이 적고 얕은 지하실에는 안방수법, 수압이 크고 깊은 지하실에는 바깥방수법이 유리하다.

② 지하실에 안방수법을 채택하는 경우, 지하실 내부에 설치하는 칸막이벽, 창문틀 등은 방수층 시공 후 나중에 시공하는 것이 유리하다.

④ 안방수법은 보호누름이 필요하지만 바깥방수법은 없어도 무관하다.

※ 안방수와 바깥방수의 비교

비교내용	안방수	바깥방수
적용개소	수압이 적고 얕은 지하실	수압이 크고 깊은 지하실
바탕처리	따로 만들 필요가 없다.	따로 만들어야 한다.
공사시기	자유롭다.	본 공사에 선행한다.
공사용이성	간단하다.	상당한 난점이 있다.
경제성 (공사비)	비교적 싸다.	비교적 고가이다.
보호누름	필요하다.	없어도 무방하다.

61 ③

스퀴즈 형식도 적용이 가능하다.

※ 콘크리트 펌프 압송방식

　㉠ 압축공기식 : 압축공기의 압력으로 콘크리트를 압송

　㉡ 피스톤압송식 : 피스톤으로 압송하는 방식으로 유압피스톤이나 수압피스톤을 사용한다.

　㉢ 스퀴즈식 : 짜내는(squeeze) 방식의 압송방식이다.

62 ③

알칼리 골재반응을 억제하기 위한 방법으로써 주로 고로슬래그 시멘트, 플라이애시 시멘트, 실리카시멘트를 사용한다.

63 ①

시공연도(workability)란 작업성을 의미하는 용어로서, 콘크리트를 시공할 때의 유동성, 점성, 비분리성 따위를 나타내는 수치이며 골재의 입도, 혼화제, 혼합시간 등에 따라 결정된다. 시멘트의 강도 자체는 시공연도와 직접적인 연관이 있다고 보기 어렵다.

64 ②

플라이애시를 사용하면 초기강도는 감소하나 장기강도는 증가된다.

㉠ 유동성 개선 및 단위수량, Bleeding 감소 : 플라이애시는 입자가 구형(求刑)이므로 파쇄형인 시멘트, 잔골재, 굵은 골재 사이에서 Ball-Bearing작용을 하므로 유동성이 개선되며, Workability가 우수해지며 소요반죽질기(Slump)를 얻기 위한 단위수량을 감소시키고 이에 따라 Bleeding량이 줄어든다.

㉡ 작업성 개선 : 입자가 구형(求刑)인 플라이애시는 Ball-Bearing와 같은 작용에따른 유동성 개선으로 펌프성을 좋게하여 작업이 용이하고 표면의 마감상태가 우수해진다.

㉢ 장기강도 증진 : 플라이애시중의 SiO₂ 성분은 시멘트의 수산화칼슘이 상온에서 반응하여 불용성의 안정된 규산칼륨을 생성시키는 포졸란 반응을 하여 장기강도를 계속 증진 시켜 구조물의 내구성 향상시킨다.

㉣ 수화열의 감소 : 단위 시멘트량이 많거나 타설규모가 큰 콘크리트는 시멘트의 수산화 칼슘과 물의 반응에 의해 높은 열을 발생시켜 구조물의 균열을 초래하는 원인이 되나 플라이애시의 반응 속도는 시멘트에 비해 상당히 늦기 때문에 수화열을 감소시켜 균열을 방지하고 내구성을 향상시킨다.

㉤ 수밀성의 증가 : 플라이애시의 포졸란 반응에 의해 생성된 칼슘실리게이트 수화물과 칼슘알루미네이트 수화물이 경화된 콘크리트내의 모세공극을 막아 수밀성이 증가되어 지중 구조물이나 일반 토목 건축 구조물에 유효하다.

65 ②

고강도 콘크리트의 굵은 골재의 품질기준에서 흡수율은 2.0% 이하이다.

※ 고강도 콘크리트의 골재의 품질기준

항목 / 종류	절건밀도 (g/cm²)	흡수율 (%)	실적률 (%)	점토량 (%)	씻기시험에 의한 손실량 (%)	유기불순물	염화물이온량 (%)	안정성 (%)
굵은 골재	2.5 이상	2.0 이하	59 이상	0.25 이하	1.0 이하	–	–	12 이하
잔골재	2.5 이상	3.0 이하	–	1.0 이하	2.0 이하	표준색 이하	0.02 이하	10 이하

66 ④

점판암은 변성암에 속한다.

※ 암석의 분류 … 암석은 생성과정에 따라 화성암, 퇴적암, 변성암으로 대분된다.

㉠ 화성암 : 화성암은 화산활동에 의해 형성된 암석이다. 화산에서 분출한 용암 화산 지표면에서 식어 형성된 화산암(분출암이라고도 한다)과 지하에서 다른 암반 속으로 침투하여 형성된 심성암(관입암이라고도 한다)으로 나뉜다.

화산암	반심성암	심성암
현무암 안산암 유문암 조면암 석영반암 흑요석 데싸이트	아플라이트 페그마타이트	화강암 섬록암 섬장암 반려암 몬조니암 듀나이트 컴벌라이트 페리도타이트

㉡ 퇴적암 : 퇴적암은 풍화와 침식에 의해 기존의 암석에서 떨어져 나온 광물이나 조암광물 이 퇴적작용을 거쳐 암석으로 굳은 것을 말한다. 암석을 이루는 입자의 종류에 따라 이암, 사암, 역암 등으로 구분한다. 응회암과 같이 화산 쇄설물이 굳어 이루어진 암석도 퇴적암으로 분류한다.

쇄설성 퇴적암	화학적 퇴적암	유기적 퇴적암
역암 이암 사암 미사암 응회암 셰일	석회암 석고 암염 처어트 철광층	석회암 규조토 석탄 아스팔트

㉢ 변성암 : 변성암은 화성암이나 퇴적암과 같은 암석이 높은 압력과 고열에 의해 구성물질이 변하여 형성되는 암석이다. 편암, 편마암, 규암, 대리석, 각섬석, 천매암, 사문암, 점판암(슬레이트) 등이 있다.

67 ②

평면도 … 건축물의 창틀 위(바닥으로부터 1.2~1.5m 내외)에서 수평으로 자른 수평투상도면으로 실의 크기 및 배치, 개구부의 크기 및 위치, 창문과 출입구 등을 나타낸 도면이다. 천장평면도의 경우 환기구, 조명기구 및 설비기구, 반자틀재료 및 규격 등을 표시하여 반자의 높이는 단면도에 표기한다.

68 ③

① 르코르뷔지에의 모듈러는 인체의 치수를 기본으로 해서 황금비를 적용하여 고안된 것이다.

② 현재 국제표준기구(ISO)에서 MC(Modular Coordination)에 의거하여 사용하고 있는 기본 모듈은 미터법 사용 국가에서는 10cm로 의견이 일치하고 있다.

④ MC(Modular Coordination)는 합리적인 건축공간 구성 시 여러 치수들을 계열화, 규격화하여 조정해서 사용할 필요에 의해 고려되는 것으로 건축공간의 형태를 규격화, 정형화시켜 창조성을 저하시키는 단점이 있다.

69 ④

제도지의 치수

(단위 : mm)

제도지의 치수	$a \times b$	c(최소)	d(최소)	
			묶지 않을 때	묶을 때
A0	841×1,189	10	10	25
A1	594×841	10	10	25
A2	420×594	10	10	25
A3	297×420	5	5	25
A4	210×297	5	5	25
A5	148×210	5	5	25
A6	105×148	5	5	25

70 ③

재료구조 표시기호(단면용)

표시사항 구분	원칙적으로 사용	준용
지반		
잡석 다짐		
자갈, 모래		
자갈, 모래, 간섞이		
석재		
모조석		
콘크리트	a b c	a-깬자갈 b-강자갈 c-철근 배근
벽돌		

71 ⑤

오염물제거 → 송진처리 → 연마 → 옹이땜 → 구멍땜 → 투명도장

72 ①

셀룰로오스 섬유판은 유기질 단열재료이다.

73 ①

주요 자재의 할증률

㉠ 강재 : 이형철근, 고장력볼트(3%), 원형철근, 일반볼트, 소형형강, 강관, 봉강(5%), 대형형강(7%), 강판(10%)

㉡ 목재 일반용합판(3%), 각재, 수장용합판(5%), 판재(10%)

㉢ 벽돌 : 내화벽돌(3%), 붉은벽돌, 시멘트벽돌(5%)

㉣ 블록 : 시멘트블록(4%)

㉤ 타일 : 모자이크타일, 도기질타일, 자기질타일(3%)

㉥ 기타 : 슬레이트(3%), 텍스, 기와, 석고보드(5%), 단열재(10%)

74 ④

LOB(Line of Balance) … 고층건축물 공사의 반복작업에서 각 작업조의 생산성을 기울기로 하는 직선으로 각 반복작업의 진행을 표시하여 전체공사를 도식화하는 기법

75 ②

구리를 첨가한 알루미늄 합금은 강도가 증가하고 내열성과 연신율이 좋으나 내식성이 저하되고 주물의 수축에 의한 균열 등이 발생되는 결점이 있다.

76 ②

국내에서는 안목치수를 원칙으로 한다.

※ 주택건설기준 등에 관한 규칙 제3조(치수 및 기준척도) … 영 제13조에 따른 주택의 평면과 각 부위의 치수 및 기준척도는 다음 각 호와 같다.

- 치수 및 기준척도는 안목치수를 원칙으로 할 것. 다만, 한국산업규격이 정하는 모듈정합의 원칙에 의한 모듈격자 및 기준면의 설정방법등에 따라 필요한 경우에는 중심선치수로 할 수 있다.
- 거실 및 침실의 평면 각변의 길이는 5센티미터를 단위로 한 것을 기준척도로 할 것
- 부엌ㆍ식당ㆍ욕실ㆍ화장실ㆍ복도ㆍ계단 및 계단참등의 평면 각 변의 길이 또는 너비는 5센티미터를 단위로 한 것을 기준척도로 할 것. 다만, 한국산업규격에서 정하는 주택용 조립식 욕실을 사용하는 경우에는 한국산업규격에서 정하는 표준모듈호칭치수에 따른다.
- 거실 및 침실의 반자높이(반자를 설치하는 경우만 해당한다)는 2.2미터이상으로 하고 층높이는 2.4미터이상으로 하되, 각각 5센티미터를 단위로 한 것을 기준척도로 할 것
- 창호설치용 개구부의 치수는 한국산업규격이 정하는 창호개구부 및 창호부품의 표준모듈호칭치수에 의할 것. 다만, 한국산업규격이 정하지 아니한 사항에 대하여는 국토교통부장관이 정하여 공고하는 건축표준상세도에 의한다.
- 제1호 내지 제5호에서 규정한 사항외의 구체적인 사항은 국토교통부장관이 정하여 고시하는 기준에 적합할 것

77 ②

보도와 차도의 입체적 분리를 기본원리로 한다.

※ 래드번 계획(H. Wright, C. Stein)
- 자동차 통과교통의 배제를 위한 슈퍼블록의 구성
- 보도와 차도의 입체적 분리
- Cul-de-sac형의 세가로망 구성
- 주택단지 어느 곳으로나 통하는 공동의 오픈스페이스 조성
- 도로는 기능과 목적에 따라 4종류의 도로로 설치
- 단지 중앙에는 대공원 설치
- 초등학교 800m, 중학교 1,600m 반경권

78 ②

테라스하우스
- 경사진 대지를 계획하여 배치하는 형태로 아래 세대의 옥상을 정원이나 기타의 용도로 사용할 수 있는 테라스를 갖는다.
- 후면에 창호가 없으므로 각 세대의 깊이가 7.5m 이상일 경우 세대의 일조에 불리하다.
- 대지의 경사도가 30˚가 되면 윗집과 아랫집이 절반정도 겹치게 되어 평지보다 2배의 밀도로 건축이 가능하다.
- 하향식의 경우 각 세대의 규모를 동일하게 할 수 잇다.
- 테라스 하우스(terrace house)는 상향식이든 하향식이든 경사지에서는 스플릿 레벨(split level) 구성이 가능하다.

79 ④

척도의 동류는 실척, 축척, 배척으로 구별하며, 축척의 경우 $\frac{1}{2}$, $\frac{1}{3}$, $\frac{1}{4}$, $\frac{1}{5}$, $\frac{1}{10}$, $\frac{1}{20}$, $\frac{1}{25}$, $\frac{1}{30}$, $\frac{1}{40}$, $\frac{1}{50}$, $\frac{1}{100}$, $\frac{1}{200}$, $\frac{1}{250}$, $\frac{1}{300}$, $\frac{1}{500}$, $\frac{1}{600}$, $\frac{1}{1,000}$, $\frac{1}{1,200}$, $\frac{1}{2,000}$, $\frac{1}{2,500}$, $\frac{1}{3,000}$, $\frac{1}{5,000}$, $\frac{1}{6,000}$ 로 구별한다.

80 ②

표시사항 및 기호

표시사항	기호	표시사항	기호
길이	L	면적	A
높이	H	용적	V
나비	W	지름	D · ϕ
두께	THK	반지름	R
무게	Wt